MYTHOS, WISSENSCHAFT, IDEOLOGIE

ELEMENTA

Schriften zur Philosophie und
ihrer Problemgeschichte

herausgegeben von

Rudolph Berlinger und
Wiebke Schrader

BAND XI - 1979

MYTHOS, WISSENSCHAFT, IDEOLOGIE

Ein Problemaufriß

von

Mihailo Djurić

Rodopi

1979

Printed in the Netherlands
ISBN: 90–6203–501–9

INHALTSVERZEICHNIS

I

VORWORT

In der Vorlesung *Mythos, Wissenschaft, Ideologie** werden einige Grundbegriffe diskutiert, deren Auswahl und Reihenfolge geschichtlich begründet und gerechtfertigt zu sein scheint, also einige Grundbegriffe, welche offenkundig eine wichtige Rolle in unserer modernen Lebenswelt, und ganz besonders in unserem politischen Alltag spielen, und die sehr geeignet sind, wenn schon nicht selbst Anlaß dazu geben, in die Dimension eines philosophierenden Nachdenkens über die gegenwärtige menschliche Lage einzuleiten. Daß man heute über Mythos, Wissenschaft und Ideologie ernstlich nachdenken soll, daß man sich auf diese drei großen geschichtlichen Wirkkräfte, von denen die beiden letzteren in einem ganz wesentlichen Sinne unsere Gegenwart charakterisieren, recht besinnen muß, scheint in erster Linie deshalb nötig, weil zu dem Eigentümlichen vieler unserer heutigen Diskussionen eben die Verwirrung im Begriffsgebrauch, bzw. der Mangel an klaren Bestimmungen der am meisten verwendeten begrifflichen Formeln und Fixierungen gehört.

Schon ein flüchtiger Blick lehrt, daß eine fast völlige Willkürlichkeit und Folgewidrigkeit die heutige Situation kennzeichnet. Man spricht von sozialen und politischen Mythen (viel mehr als von politischen Ideen und Idealen), man spricht z.B. vom Mythos der Technik, vom Klassenmythos oder vom Mythos der Revolution. Man ist aber auch von den wissenschaftlichen Ideologien geblendet, z.B. von der Ideologie des historischen Materialismus, wie man auch andererseits die Wissenschaft selbst als eine Ideologie oder sogar als einen Mythos brandmarkt. Man fragt sich, ob eine solche Freiheit im Gebrauch der betreffenden Termini nicht ihre theoretische Relevanz im Grunde gefährdet, so daß man über das Terminologische hinaus, eine Stellungnahme zu der Sache selbst vielleicht überhaupt nicht mehr versuchen kann.

* Das Buch enthält den unveränderten Text einer Vorlesung, die im Wintersemester 1975/76 an der Universität Wien gehalten wurde.

Es versteht sich von selbst, daß in der Vorlesung weder die Begriffe Mythos und Ideologie in einem ganz abschätzenden Sinne, noch der Begriff Wissenschaft in einem völlig positiven Sinn gebraucht werden können. Jede wertende Einseitigkeit scheint hier unangebracht. Anders kann es nicht sein, wenn es stimmt, daß die drei geschichtlichen Wirkkräfte, auf welche diese Grundbegriffe verweisen, eine große Bedeutung (freilich jede auf ihre eigene Weise) für das Verständnis der modernen Lebenswelt wirklich haben. Angesichts der sehr verschiedenen Gebrauchweise scheint es notwendig zu sein, auf das Verhältnis von Mythos, Wissenschaft und Ideologie einzugehen, zunächst aber einmal den Mythosbegriff selbständig zu exponieren.

Ein früher auf Deutsch ungedruckter Text des Verfassers, der mit dem Thema der Vorlesung in unmittelbarem Zusammenhang steht, ist dem Buch als Anhang beigefügt.

Herrn Prof. Dr. Rudolph Berlinger, der die Freundlichkeit hatte, das Manuskript in die Reihe „Elementa“ aufzunehmen, weiß sich der Verfasser in Dank verbunden.

1. DIE HERMENEUTISCHE SITUATION

Die gesellschaftlich-geschichtliche Situation, in der wir heute an den Mythos herantreten, in der Absicht seinen Ursprung und sein Wesen kennenzulernen, aber auch sein Verhältnis zur Philosophie und Wissenschaft als den beiden Grundformen des Wissens und Erkennens, welche dem Gesetz des Logos folgen, zu untersuchen, und dann auch sein Verhältnis zur Ideologie als dem fragwürdigen Mythos-Ersatz unter dem Schirm des Logos zu bestimmen, unterscheidet sich wesentlich von derjenigen Situation, in der der Mythos unumschränkt die Menschenseelen beherrschte, in der er die Zentralstellung innerhalb der menschlichen Kultur einnahm, in der er die Grundweise der Sinnerhellung und -deutung des menschlichen Daseins darstellte. Soviel ist heute alles wesentlich anders als in der Zeit der vollen Blüte des Mythos, soviel ist die gegenwärtige Situation wesentlich verschieden von derjenigen, in der der Mensch im Banne der mythischen Bilder und Vorstellungen stand, so daß wir schon bei der Erwähnung dieser uralten mythischen Zeit der Menschengeschichte in furchtbare Verlegenheit geraten, weil wir fühlen, daß wir eine fast unüberschreitbare hermeneutische Grenze antreffen. Kein Wunder, daß das Wort „Mythos" heutzutage keine tiefere Bedeutung mehr hat und daß der heutige Mensch so gerne auf die „primitive Mentalität" seiner Vorgänger herabsieht. Das ist noch die Frage, ob man heute überhaupt den wahren Sinn der mythischen Gebilde der Vorzeit verstehen kann, ob man sich heute überhaupt mit Verständnis in die wunderbare Welt des Mythos versenken kann.

Es ist fast vollkommen überflüssig, auf die Frage einzugehen, was ist das, was die gegenwärtige gesellschaftlich-geschichtliche Situation so eigentümlich und eigenartig im Vergleich mit der einstigen macht, und was, darüber hinaus, jeden Versuch, an den Mythos heranzutreten, um ihn zu verstehen, so offensichtlich gefährdet, ja sogar schon fragwürdig erscheinen läßt. Das Wichtigste sollte schon vor Beginn klar sein. In massiver Vereinfachung kann man sagen, daß die Eigentümlichkeit der gegenwärtigen Situation darin besteht, daß in ihr der Logos sich vollkommen den Mythos unterworfen, daß in ihr der Logos die Stellung, die einst dem Mythos gebührte, eingenommen hat. Man soll recht verstehen, was das eigentlich bedeutet. Die Eigentümlichkeit der gegenwärtigen Situation besteht nicht darin, daß der Logos die Herrschaft des Mythos nur erschüttert und seine Geltung bestritten, daß er sich neben und unabhängig vom Mythos aufgedrängt hat, sondern daß er das mythische Sagen als solches entwertet und entleert, daß er die mythische Substanz[1] des menschlichen Lebens vollkommen zersetzt hat. Die moderne Kultur als Ganzes steht im Zeichen des rastlosen und unaufhörlichen Rationalisierungsprozesses, alle ihre Forderungen implizieren eine Ausrichtung auf die rationale Zweckmäßigkeit, ihr Wesen hat ein ausgesprochen rationales Gepräge. Es ist nicht zufällig, daß Wissenschaft, Technik und Industrie zu den schicksalsvollsten Mächten unseres heutigen Daseins geworden sind. Ohne ihre Einwirkung würde es die gegenwärtige Welt nicht geben, nicht einmal in ihrem äußeren Aussehen, und nicht nur in ihrer inneren Bestimmtheit; das Bündnis dieser Mächte ermöglicht und gewährleistet das Funktionieren der gesamten gegenwärtigen Wirtschafts- und Gesellschaftsordnung.

Die gegenwärtige gesellschaftlich-geschichtliche Situation ist zweifellos nur die äußerste Konsequenz des aufklärerischen Geistes, der die ganze moderne europäisch-abendländische Kultur angeregt und bestimmt hat. Wir sind heute so weit aufgeklärt, daß wir nur an jenes glauben, dessen Wirksamkeit sich genau berechnen und ausmessen läßt, daß wir als wirklich nur jenes anerkennen, was sein Bestehen vor dem Gericht des nach Gründen suchenden Verstandes bestätigen kann. Alles andere ist für uns

1. Zum Begriff der „mythischen Substanz“ vgl. Eugen Fink, Traktat über die Gewalt des Menschen (Frankfurt/M.: V. Klostermann, 1974), S. 14 - 15.

eine bloße Illusion oder ein Schein. Die Wissenschaft ist nun so weit in der Entzauberung der Welt vorangeschritten, in der Entfernung aus der Welt aller geheimnisvollen Züge, welche der Aberglaube der Vergangenheit in sie hineingetragen hat, daß von ihrer zerstörenden Einwirkung nichts verschont geblieben ist. Wir glauben heute nicht einmal an das Christentum, geschweige denn an den naiven polytheistischen Mythos. Die Wissenschaft beherrscht so entschieden unsere moderne Lebenswelt und waltet so unerschütterlich über unsere Denkgewohnheiten, daß wir nicht mehr imstande sind, uns vorzustellen, es könnte irgendeine andere Wissens- und Erkennensform bestehen, neben und unabhängig von der Wissenschaft. Die Wissenschaft ist die oberste Instanz, von der wir erwarten, daß sie feststellt, was die wahre Wirklichkeit ist, so daß wir die Kluft zwischen den abstrakten wissenschaftlichen Begriffen und den konkreten Bildern unserer Sinnlichkeit nicht mehr bemerken, so daß wir keine Aufmerksamkeit mehr darauf legen, daß sich die Wissenschaft so radikal von unserer gewöhnlichen alltäglichen Erfahrung entfernt hat. So gewiß wissen wir heute alle, daß die Sonne nur scheinbar um die Erde kreist, während diese sich eigentlich um die Sonne dreht, daß das alltägliche Sinneszeugnis vom Entgegengesetzten, nicht im geringsten unsere Bereitschaft bedroht, jene rationale Wahrheit zu akzeptieren. Es ist uns vielmehr durch das Fortschreiten der Natur- und Gesellschaftswissenschaften in Richtung der Kybernetik immer mehr verständlich, wie wir uns an die wissenschaftliche Entdeckung der Atomstruktur der Wirklichkeit immer mehr anpassen und gewöhnen.

In einer solchen gesellschaftlich-geschichtlichen Situation, würde man am wenigsten erwarten, daß irgendein Bedenken und Mißverständnis in Verbindung mit dem Mythos entstehen konnte. Zumal würde man nicht erwarten, daß der heutige Mensch irgendwelche Unsicherheit und Unentschlossenheit in der Stellungnahme zum Mythos zeigen wird. Es hat sich aber ereignet, daß Verachtung und Hohn nebeneinander mit Verehrung und Bewunderung an die Oberfläche emporgekommen sind, daß ganz verschiedene Meinungen und Einschätzungen fast gleichmäßigen Widerhall im öffentlichen Bewußtsein gefunden haben.[2] Man muß im klaren darüber sein, daß der heutige Mensch, trotz all seiner rationalen Orientierung, Haltung und Bemühung, tief beunruhigt ist von den Errungenschaften der modernen Kultur, so daß sich in seinem Verhältnis zum Mythos dieser sein existentieller Widerspruch notgedrungen widerspiegeln mußte.

Auf der einen Seite ist der heutige Mensch völlig mißtrauisch gegen die mythische Überlieferung der Frühzeit. Der Mythos ist für ihn etwas Fremdes, Entferntes, Unfaßbares, etwas was ihn tiefer weder angeht noch betrifft. Er sieht im Mythos nur ein fabelhaftes Sagen, das im Widerspruch zur Wirklichkeit steht, nur eine entstellte Darstellung der Erscheinungen des Himmels und der Erde, ohne irgendwelche wirkliche Kenntnis dieser Erscheinungen und ihrer gegenseitigen Verhältnisse. Für den heutigen Menschen ist der Mythos ein Vorrat von phantastischen Erzählungen, welche nichts beschreiben und nichts erklären, da sie der Erfahrung und dem Verstand trotzen. Seiner Meinung nach ist der Mythos eine veraltete Weise des Weltbegreifens, die ihre gute Gründe hatte nur solange die Menschheit noch in den Windeln war, solange die Menschheit noch ganz unerfahren im Leben stand, so daß sie mehr dichtete als dachte. Unter den veränderten Lebensbedingungen ist es vollkommen überflüssig, auf die Täuschungen und Irrtümer unserer Vorfahren Rücksicht zu nehmen. Und es lohnt sich nicht, sich den Kopf um all diese sinnlosen und widersprechenden Dinge zu zerbrechen, die die Urdummheit des Menschengeschlechtes so ernst nimmt und denen sie so leicht unterliegt. Nicht nur, daß der Mythos den Zeitgenossen des planetarischen Imperialismus gar nichts zu geben hat, vielmehr haben die Menschen des gegenwärtigen Zeitalters nicht einmal etwas von ihm zu erwarten.

2. Vgl. dazu Gerhard Krüger, „Mythisches Denken in der Gegenwart", in: Die Gegenwart der Griechen im neueren Denken. Festschrift für Hans-Georg Gadamer (Tübingen: J.C.B.Mohr/ P.Siebeck, 1960), S. 117 - 122.

Dasjenige was den heutigen Menschen schon bei der ersten Begegnung mit dem Mythos am meisten verblüfft, was zuerst seinen Blick ablenkt und sein Begreifensvermögen paralysiert, das ist der sakrale Charakter des Mythos, seine ausgesprochen religiöse Stimmung. Alle Mythen ohne Ausnahme befassen sich mit göttlichen Dingen, alle sprechen von Göttern und ihrem Umgang mit den Menschen, alle verkünden die Wahrheit des göttlichen Lebens. Dieser religiöse Grundcharakter des Mythos ist das für den Verstand Unfaßbare. Der heutige Mensch kennt und anerkennt nichts Heiliges, Unerreichbares, Unantastbares, er ist zu nüchtern, um an irgenwelche Götter glauben zu können, er ist völlig „religiös unmusikalisch", wie es einmal Max Weber von sich selbst gesagt hat.[3] Er weiß, daß die religiöse Weltauffassung ungereimt und unbegründet ist, ihm ist es vollkommen klar, daß es keine übernatürlichen Mächte gibt, die das Naturgeschehen und das menschliche Verhalten beeinflußen. Wenn es überhaupt etwas gibt, was den heutigen Menschen gar nicht berührt, wofür dieser Mensch gar kein Ohr hat, wovon er so ferne ist, daß er ferner nicht sein kann, dann ist es die Religion. Nicht nur, daß die Religion der äußerste Punkt seines Gesichtskreises ist, sondern sie figuriert in seiner Weltansicht als die letzte Ursache aller bisherigen Irrfahrten und Mißerfolge des menschlichen Geistes. Kurz und gut, es hält der heutige Mensch für richtig, daß der Mythos als solcher unwahr ist, daß die mythischen Gestalten und Ereignisse keinen Stützpunkt in der Wirklichkeit haben, daß all dies bloße Einbildung ist.

Kein Wunder, daß der heutige Mensch so mißtrauisch gegen den Mythos ist, daß er so wenig Wert auf die mythischen Erzählungen legt, daß er so offenkundig die mythische Überlieferung der Vorzeit unterschätzt. Auf diese Weise bestätigt er nur seine grundlegende rationale Einstellung zur Welt und zum Leben. Wie könnte sich denn anders gegen alle diese phantastischen Fabeleien derjenige verhalten, dem es gelungen ist, die meisten Erscheinungen in seiner näheren und weiteren Umgebung rational

3. Marianne Weber, Max Weber: Ein Lebensbild (Tübingen: J.C.B. Mohr/ P. Siebeck, 1926), S. 339.

zu erfassen und zu beherrschen? Wie könnte denn noch im Ernst von Göttern, von ihrem Ursprung und ihren gegenseitigen Verhältnissen, sowie auch von ihrem Umgang mit den Menschen, jener sprechen, der sich der Natur als ihr „Herr und Eigentümer" (nach einem Ausdruck von Descartes)[4] aufgedrängt hat? Würde es ihm vielleicht mehr ziemen, jenes eingebildete Wissen des Frühmenschen zu loben und zu rühmen, das in Form allerseltsamsten Bilder und Vorstellungen ausgedrückt ist? Es ist kaum nötig hervorzuheben, daß diese radikal kritische Haltung des heutigen Menschen zum Mythos von zahlreichen bekannten und unbekannten Vertretern der europäisch-abendländischen Aufklärung vorbereitet wurde, daß diese Haltung vollkommen den aufklärerischen Forderungen entspricht, daß sie völlig im Einklang mit den Absichten und Bestrebungen der hervorragendsten Vertreter der aufklärerischen Bewegung steht, die den Mythos als eine bloße Anhäufung verworrener Ideen und als eine rohe Abirrung längst vergangener Zeiten entlarvt haben.[5]

Andererseits müssen wir eingestehen, daß der heutige Mensch ein reges Interesse für die mythische Überlieferung der Frühzeit zeigt, daß er sogar sehr gerne seinen Blick auf ihre mannigfaltigen Formen lenkt. Als ob er Zuflucht in der Welt des Mythos suchen und nicht nur dessen Bilder und Vorstellungen um sich sehen wollte. Mag der Mythos auch noch so stark den heutigen Menschen durch seine Derbheit und Verschrobenheit verletzen, er zieht ihn doch zugleich an, durch seine Naivität und Unmittelbarkeit.

Was bietet der Mythos dem heutigen Menschen? Vieles und Verschiedenes. Zunächst erinnert ihn der Mythos an die Spiele

4. Discours de la Méthode (Paris: F. Alcan, 1921), S. 68.

5. Daß die neuzeitliche Aufklärung von Anfang an zur radikalen Kritik aufforderte, und daß sie sich eben dadurch von jeder früheren Stufe der Entmythologisierung grundsätzlich unterscheidet, haben schon Max Horkheimer und Theodor W. Adorno nachdrücklich hervorgehoben. Vgl. Dialektik der Aufklärung (Frankfurt/M: S. Fischer, 1971), S. 83. Ähnlich Hans-Georg Gadamer, Wahrheit und Methode (Tübingen: J.C.B.Mohr/ P. Siebeck, 1965), S. 256.

und Träume seiner frühesten Kindheit, er entführt ihn in eine andersartige Welt, in der er sich erfreuen und unterhalten, und die Last des Alltags vergessen kann. Nicht minder aber wirkt der Mythos herausfordernd auf den heutigen Menschen, er mahnt ihn an etwas Großes und Ursprüngliches, vergegenwärtigt ihm etwas Kolossales und Unerschöpfliches, etwas was sein Begreifensvermögen übersteigt. Zum mindesten ahnt der heutige Mensch irgendwie, wenn er schon nicht ganz klar einsieht, daß der Mythos eine kostbare Erfahrung des menschlichen Geistes in sich birgt, die noch nicht jeden Wert verloren hat, deren Zeit noch nicht völlig vergangen ist.

Diese Geneigtheit und Nachgiebigkeit des heutigen Menschen dem Mythos gegenüber ist weder zufällig noch nebensächlich. Und nicht einmal so ganz neu ist sie, wie man auf den ersten Blick denken könnte. Man sollte eigentlich sagen, daß der heutige Mensch notgedrungen in diese Richtung angewiesen ist. Der Grund dieses seines Wohlwollens ist der tiefe Konflikt in der modernen Kultur, die positive Haltung des heutigen Menschen zum Mythos nährt die tiefe Beunruhigung unserer Zeit.

All das hat selbstverständlich auch das Bedürfnis nach dem gründlichen Kennenlernen des Mythos erweckt und die Entfaltung der wissenschaftlichen Erforschung dieser Urform der menschlichen Daseinshelle beeinflußt. Diese wissenschaftliche Mythenforschung ist hauptsächlich empirisch ausgerichtet, und weil sie sich oft in ganz nebensächlichen und bedeutungslosen Einzelheiten verliert, besteht die Gefahr, daß man auf diese Weise vollkommen die einstige philosophische Deutung vom Ursprung und Wesen des Mythos vergißt.

In der Tat ist diese Wendung zum Mythos und die Wiederbelebung des Interesses für ihn tief in der Vergangenheit verwurzelt, sie stammt aus der ersten Hälfte des 19. Jahrhunderts, und besonders verdienstvoll dafür ist die deutsche Romantik. In erster Linie Hölderlin, ein Dichter von ursprünglicher Kraft, der sich für die Erneuerung der Wahrheit der alten griechischen Mythen leidenschaftlich eingesetzt hat. Bei ihm sind die griechischen Götter eine überwältigende Wirklichkeit geworden, und er hat seine Mission als Dichter wesentlich darin gesehen, die Wirklichkeit dieser Götter zu verkünden und zu verherrlichen.[6] Es gibt keinen anderen Dichter unter den Angehörigen der Generation Hölderlins, der so ungewöhnlich durch die höheren Mächte betroffen war, der so tief die Einheit des Schönen und Heiligen aufgefaßt hat, der so hoch die Dichtung zu einem neuen Kultus erhoben hat.

Diese Wendung zum Mythos und zur Wiederbelebung des Bedürfnisses nach den mythischen Gestalten, welche zuerst in den dichterischen Kreisen überhand nahm, hat bald die Aufmerksamkeit von vielen damaligen Philosophen auf sich gezogen, so daß die Forderung des Dichters in kurzer Zeit eine systematische philosophische Rechtfertigung bekommen hat. Es ist bemerkenswert, daß diese Wendung der Philosophie zum Mythos nicht durch Mißtrauen und Feindschaft angeregt wurde, sondern aus dem Wunsch, den Mythos zu verstehen.[7] In einer Zeit, in der der Logos die vollkommene Herrschaft über den Mythos errichtete, indem er alle mythischen Bilder und Vorstellungen beiseite schob, in einer Zeit, in der der Logos den höchsten Punkt in seiner Entwicklung erreichte, in dem er zum absoluten Begriff geworden ist, zu demjenigen Denken, das sich selbst als das Wesen der Welt denkt, war es unumgänglich, daß sich der Logos endlich dem Mythos zuwendete, um seine rein negative Bezogenheit auf ihn zu überwinden. Seine absolute Herrschaft sollte der Logos durch seine Fähigkeit bestätigen, den Mythos als Mythos in seiner Eigenart zu bestimmen, den Mythos als das Andere, das er nicht ist, in sich selbst einzuschließen, ja dieses Andere als etwas von ihm wesentlich Verschiedenes zu begreifen. Diese große Aufgabe, die Wahrheit des Mythos zu entdecken, um die absolute Herrschaft des Logos zu sichern und zu festigen, hat der späte Schelling auf sich genommen und musterhaft erfüllt.

6. Ulrich Gaier, „Hölderlin und der Mythos“, in: Manfred Fuhrmann (Hrsg.), Terror und Spiel: Probleme der Mythenrezeption (München: W. Fink, 1971), S. 338.

7. Zum Folgenden vgl. Karl-Heinz Volkmann-Schluck, Mythos und Logos. Interpretationen zu Schellings Philosophie der Mythologie (Berlin: W.de Gruyter, 1969), S. 5- 6.

Mit der Zeit wurde aber der Schwerpunkt des Nachdrucks auf die andere Seite verschoben. Man hat eingesehen, daß der Mythos nicht nur etwas anderes, sondern auch etwas weitaus tieferes und wichtigeres als der Logos ist. Allmählich hat die Meinung überwogen, daß das Denken, das dem Gesetz des Logos folgt, nicht jene Kraft und Durchdringlichkeit besitzt, die es sich zuschreibt, weil dieses Denken keine Antwort auf viele lebenswichtige Fragen gibt, so daß es endlich zum offenen Aufstand gegen die Herrschaft des Logos im Menschenleben gekommen ist. Bekanntlich hat diese radikale Konsequenz der Romantik, die manche ihrer glühenden Verfechter bereitwillig gezogen haben, große Hoffnungen und Erwartungen auf verschiedenen Seiten erweckt. Dazu hat vielleicht auch der Umstand beigetragen, daß das Mißtrauen gegen die absolute Philosophie und ihre spekulativen Übertreibungen und Abirrungen von vielen anderen Ideenrichtungen und -bewegungen vorbereitet und unterstützt wurde. Jedenfalls ist es unbestreitbar, daß einer der vielleicht letzten Sprößlinge der Romantik, Friedrich Nietzsche, der ebenso dichterisch wie philosophisch gesinnt war, den entscheidendsten Schritt in Richtung der Trennung von Mythos und Logos gemacht hat, daß er am weitesten in der Verherrlichung des Mythos gegenüber dem Logos gegangen ist.

Nach Nietzsches Meinung hat jede große, geschlossene Kultur „einen von Mythen umstellten Horizont"[8]. Der Mythos ist der unzertrennbare Bestandteil der Kultur, die lebendige Triebfeder ihres Wesens, die unerschöpfliche Quelle ihrer natürlichen schöpferischen Kräfte. Es gibt keine Kultur ohne den mythischen Hintergrund, keine Kultur kann ohne Mythos weiterbestehen. Ja ohne Mythos „geht jede Kultur ihrer gesunden schöpferischen Naturkraft verlustig"[9]. Der größte Mangel der modernen europäisch-abendländischen Kultur besteht gerade in ihrer Trennung vom Mythos, in ihrem Wegfallen vom mythischen Mittelpunkt.

8. Die Geburt der Tragödie, Nietzsche-Werke, KGW III/1 (G.Colli/ M. Montinari) (Berlin: W.de Gruyter, 1972), S. 141.

9. a.a.O., S. 141.

Weit energischer und offenmütiger als viele seiner Zeitgenossen, warnte Nietzsche vor den Gefahren und Schwierigkeiten der modernen Kulturentwicklung. Er stellte fest, daß die moderne Kultur, indem sie den abstrakten Verstand der lebendigen Realität des Mythos bevorzugte, sich selbst zum Tode verurteilt hat. Seine Auffassung hat Nietzsche sogar zu einem geschichtsphilosophischen Grundsatz erhoben. Für ihn ist die gesamte europäisch-abendländische Geschichte nur ein Verfallsprozeß, d.h. ein Prozeß der Zerstörung der mythischen Lebensfülle, der Entfernung von der mythischen Ursprünglichkeit. Den Anfang dieses Prozesses hat Nietzsche in die ferne Vergangenheit gesetzt. Seiner Meinung nach hat dieser Prozeß schon im antiken Griechenland begonnen, an der Wende des archaischen ins klassische Zeitalter, unter dem unmittelbaren Einfluß der sokratischen, moralistisch-intellektualistischen Kritik der traditionellen griechischen Welt- und Lebensauffassung,[10] und ist in der modernen Zeit an den Kulminationspunkt gelangt.

Man muß doch hinzufügen, Nietzsche habe sich keinesfalls mit der Behauptung begnügt, daß die moderne Kultur unwiederbringlich verfallen sei, daß auf dem europäisch-abendländischen Boden nichts mehr zu erwarten sei. In derselben Schrift, in der er seine Ansichten über den Ort und die Rolle des Mythos als Ganzes dargelegt hat, in der Jugendschrift *Die Geburt der Tragödie*, hat Nietzsche zugleich bezweifelt, daß sich die Dinge notwendig einförmig entwickeln müssen. Er hat sogar die Möglichkeit der Wiedergeburt der deutschen Kultur angedeutet, in der Hoffnung, daß der deutsche Geist noch gewisse Aussichten hat, die Versuchungen des rationalistischen Aufstandes gegen die Tradition zu bewältigen, daß der deutsche Geist noch immer zu „seiner mythischen Heimat"[11] zurückkehren kann. Aber wir können uns hier nicht mehr mit diesen Nietzsche'schen jugendlichen Vermutungen und Hoffnungen befassen. Nicht einmal mit

10. a.a.O., S. 142.
11. a.a.O., S.145.

seinen späteren kulturkritischen Einsichten und Warnungen können wir sie vergleichen.

Diese jähe Umwandlung in der Bewertung von Mythos und Logos kam offenkundig nicht von ungefähr, obgleich es zu Beginn sehr wenig Leute gab, die den Sinn und die Tragweite der Nietzsche'schen Mahnung ernstlich zur Kenntnis genommen, geschweige denn wahrhaftig verstanden haben. Unzweideutig entsprach die Nietzsche'sche leidenschaftliche Verherrlichung des Mythos gegenüber dem Logos im großen und ganzen dem epochalen Gang des Denkens, da sie den peinlichen Widerspruch der modernen Existenz drastisch ausdrückte, da sie den tief innerlichen Zwiespalt in der modernen Kultur unbarmherzig enthüllte. Es dauerte nicht lange, und dieses epochale Geschick hinterließ sichtbare Spuren in der Sphäre des Gesellschaftsbewußtsteins. Bald hat es sich gezeigt, daß diese neue Bestimmung des Verhältnisses von Mythos und Logos zu manchen düsteren Stimmungen Anlaß gegeben hat, daß sie manche unbesonnenen Bestrebungen erweckte und ermutigte, daß sie manchen irrationalen Tendenzen im gesellschaftlichen Leben Tür und Tor öffnete.

Unter den zahlreichen Erscheinungen, welche mit dieser Verbreitung des Mißtrauens gegenüber dem Logos zutiefst verbunden sind, erregt die Empfindlichkeit des heutigen Menschen für Ordnung und Hierarchie, seine Neigung zu undemokratischen, autoritären Organisationsformen des Gemeinschaftslebens die größte Aufmerksamkeit. Besonders gibt es sehr zu denken, daß der heutige Mensch sich so blindlings solchen, mit Vorbehalt genannten, „höheren Mächten", wie Rasse, Nation, Partei, Staat usw. fügt, daß er im allgemeinen die Anwendung auch der brutalsten Gewaltmittel gegenüber verdächtigen gesellschaftlichen und politischen Ziele so bereitwillig akzeptiert. Man gewinnt den Eindruck, daß jede Wendung zum Mythos heute notwendig eine Gegenüberstellung zum Logos im Namen der höheren Interessen des Lebens bedeutet, daß jede Begeisterung für den Mythos heute die Feindseligkeit gegenüber den geistigen Werten, ja das Verneinen aller wichtigsten Errungenschaften der Kultur unumgänglich nach sich zieht. Diesen Eindruck verstärkt die noch immer sehr lebendige Erinnerung an die nazistische und faschistische Schreckensherrschaft der jüngsten Vergangenheit, in der die Anforderungen pseudomythischen Charakters auffallend über die Anforderungen des Logos überwogen. Freilich muß man hervorheben, daß die Empfindlichkeit für die totalitäre politische Praxis, sowie die Empfindlichkeit für die irrationalen Formen des gesellschaftlichen Handelns im allgemeinen, heute beträchtlich gewachsen ist auch in jenen Kreisen, in denen die Wissenschaft hochgeschätzt ist, so daß niemand daran denkt, sich auf den Mythos zu berufen. Es genügt hier, auf irgendein beliebiges Beispiel der stalinistischen Herrschaftsmethode in der sogen. sozialistischen Welt hinzuweisen. Es scheint, daß sich der Mythos dem Logos auch unter dem Schirm der Wissenschaft aufdrängen kann, wenn eine solche Wissenschaft überhaupt noch den Namen verdient, den sie sich so eifersüchtig und prahlerisch aneignet. Der Mensch von heute ist nicht nur ein Spielzeug in den Händen der finsteren Mächte, die die Herrschaft über ihn gewonnen haben, sondern er ist zugleich auch das Opfer seiner eigenen Bereitwilligkeit, diesen Mächten inbrünstig zu dienen.

Und doch, so richtig es auch sein mag, daß das heutige Mythosbewußtsein im Grunde gespalten ist, daß der heutige Mensch äußerst unsicher und schwankend in seiner Haltung gegenüber dieser urtümlichen Form der menschlichen Daseinshelle ist, das bedeutet doch keineswegs, daß hier alles in der Schwebe bleibt. Und nicht im geringsten folgt daraus, daß jeder Versuch, den Ursprung und das Wesen des mythischen Sagens zu erläutern, vor diesem Zwiespalt bleiben muß, oder sogar, daß er sich mit dieser Zweideutigkeit versöhnen muß. Als ob in Bezug auf den Mythos alles schon endgültig entschieden wäre, so daß gar nichts mehr zu fragen und nachzudenken bleibt. In der Tat haben wir keinen Grund, uns weder nach der aufklärerischen noch nach der von der Romantik inspirierten Auffassung einzurichten. Und ganz besonders haben wir keinen Grund zu glauben, daß irgendeine von diesen beiden Auffassungen als ein ganz zuverlässiger Führer in unserem Versuch, diese Form des Gesellschaftsbewußtseins gründlich kennenzulernen, dienlich sein, geschweige denn, daß irgendeine von diesen beiden Auffassungen ein ideales Leitbild werden kann, nach dem wir uns in unseren weiteren Untersuchungen richten müßten. Würden wir unkritisch irgendeine von diesen beiden Auffassungen annehmen, könnten wir eher jede Vorstellung davon verlieren, welche Richtung einzuschlagen sei, als den rechten Weg in die Welt des Mythos finden.

Weil im Grunde aller heutigen Zweifel und Mißverständnisse hinsichtlich des Mythos, der Konflikt in moralisch-praktischen, und nicht nur in erkenntnistheoretischen Stellungnahmen steht, weil diese Zweifel und Mißverständnisse nicht nur wegen der Gegensätze der theoretischen, sondern auch wegen der Gegensätze der praktischen Bedürfnisse und Interessen entstehen und sich verschärfen, versteht es sich von selbst, daß man äußerst vorsichtig und zurückhaltend sein muß in der Einschätzung des kulturhistorischen Wertes und der geschichtlichen Bedeutung dieser Form des Gesellschaftsbewußtseins. Weder ist es empfehlenswert, den Mythos zu verachten und zu unterschätzen, als ob er eine uralte Vergangenheit wäre, von der wir uns ein für allemal verabschiedet haben, noch ist es gediegen, sich für den Mythos zu begeistern und sich an ihm zu berauschen, als ob alle unsere Zukunft nur davon abhängen würde, inwiefern wir diese unsere Vergangenheit als das größte Heiligtum wieder an das Herz drücken könnten. Nur sollte man sich dabei nicht einbilden, daß auf diesem Gebiet alle Irrtümer und Vorurteile rasch aus dem Wege geschafft werden können. Es ist höchst unwahrscheinlich, daß die Einseitigkeiten und Voreingenommenheiten der aufklärerischen und der von der Romantik her kommenden Auffassung dadurch überwinden werden könnten, daß man ihre Wertakzente ganz einfach neutralisiert, oder einige ihrer Bestandteile rein mechanisch in ein neues Ganzes zusammenfügt.

2. VERGLEICH MIT DER DICHTKUNST

Der heutige Mensch kann freilich nicht leicht den Zugang zum Mythos finden. Weder kann er die mythische Sprache wahrhaftig sprechen, noch kann er an die Wirklichkeit der mythischen Gestalten und Ereignisse ernstlich glauben. Die Naivität des alten Mythos ist nicht mehr möglich in einer Situation, in der das kritische Denken stets nach dem Grund jeder seiner Behauptung fragt. Geradeso wie das bildliche Vorstellen und die metaphorische Ausdrucksweise nicht mehr jene Kraft und Glaubwürdigkeit haben, die sie einst hatten, um noch weiter die menschlichen Seelen zu beherrschen. In der Welt der Maschinentechnik und Industrie gibt es keinen Platz mehr für den Glauben an Götter und göttliche Mächte, und deswegen gibt es auch keine Möglichkeit mehr, die mythische Welt unmittelbar zu verstehen und sich dieser Welt unmittelbar hinzuwenden. Wollen wir nun überhaupt danach streben, den Ursprung und das Wesen der mythischen Gebilde der Vergangenheit auch nur teilweise zu verstehen, wollen wir uns nun überhaupt bemühen, wenigstens von ungefähr zu vermuten, worin der Wesensunterschied zwischen dem mythischen Sagen und der philosophischen bzw. wissenschaftlichen Wissens- und Erkennensform liegt, aber auch was für einen Sinn die Forderungen nach der Wiederbelebung des Mythos unter den Bedingungen der Vorherrschaft des logisch-diskursiven Denkens haben, dann müssen wir von ferne anfangen, dann müssen wir den Mythos in entfernter Analogie von der Dichtkunst her kennenzulernen versuchen, dann müssen wir uns die mythischen Bilder und Vorstellungen vermittels der Gebilde der dichterischen Phantasie näher bringen, verdeutlichen, vergegenwärtigen lassen.[1]

1. Zu den folgenden Ausführungen vgl. Walter F. Otto, Die Gestalt und das Sein (Darmstadt: Wissenschaftliche Buchgesellschaft, 1959), S. 3 - 4, 87 - 89, 146 - 148, 216 - 218. Zur Diskussion: Ernesto Grassi, Kunst und Mythos (Hamburg: Rowohlt, 1957).

Ungeachtet dessen, daß die heutige Welt so auffallend auf die rationale Zweckmäßigkeit ausgerichtet ist, daß in ihr die Tendenzen zur rationalen Umordnung aller gesellschaftlichen Einrichtungen und Verhältnisse so auffallend überwiegen, kann man dennoch nicht sagen, daß diese Welt schon in allem den rationalen Anforderungen entspricht, daß sie schon ein vollkommen geordnetes, rationales Ganzes darstellt. (Ganz zu schweigen davon, daß die Rationalität, nach der sich diese Welt richtet, im Grunde fragwürdig ist, weil sie ihrer wahren, ursprünglichen Bedeutung widerspricht.) In dieser Welt gibt es noch viele irrationale Überreste aus der Frühzeit, oder zum mindesten es erhalten sich in ihr manche Formen des kulturellen Schaffens, welche die einstige Menschheit pflegte, und die heute mehr als ein altmodischer Schmuck, denn als ein Schwungrad der avantgardistischen Bewegung dienen. In diesem Sinne zeichnet sich die Dichtkunst besonders aus als eine ganz eigenartige Form des kulturellen Schaffens in allen Epochen der Menschengeschichte. Obwohl am Rande der modernen Kultur, unvermögend auf ihre Hauptströmungen entscheidend einzuwirken, ist die Dichtung noch immer eine lebendige und kräftige Kulturmacht. Fast allein durch ihre Existenz, wennschon in verringerter Gestalt, als ein Bestandteil des bestehenden Bildungs- und Erziehungssystems, gefährdet die Dichtkunst die moderne Organisation der Arbeit und des Überflusses, weil sie auf die Möglichkeit einer ganz andersartigen Lebenserfahrung hinweist.

Auf den ersten Blick würde es scheinen, daß die Welt der dichterischen Phantasie in gar keinem Zusammenhang mit der Wirklichkeit steht, daß ihr jedes Gewicht und jeder Ernst fehlt, daß sie etwas „leichtes“ und „heiteres“ gegenüber der groben Wirklichkeit des Lebens darstellt, mit einem Wort, daß sie eine unwirkliche, erdichtete, scheinbare Welt ist. Oder wenigstens, daß sie weit hinter jener Welt zurückbleibt, die wir zunächst geneigt wären, als die einzig wahre, wirkliche Welt zu nennen. Die dichterischen Gestalten und Ereignisse ragen so hoch über unseren Alltag empor, daß wir sie schwerlich empirisch begreifen und erklären können; sie sind so schwankend und undurchsichtig, daß wir sie schwerlich vermittels irgendwelcher raumzeitlicher Koordinaten fassen und bestimmen können. Es scheint zum mindesten klar, daß die Welt der dichterischen Phantasie wesentlich verschieden von der Welt der wissenschaftlichen Objektivität ist, daß die dichterischen Bilder und Metaphern wesentlich anders als jene reale, sinnlich-anschaulich, prunkhaft ausgestattene, uns allen gemeinsame Lebenswelt betreffen, daß sich diese Bilder und Metaphern wesentlich anders auf die Welt der unmittelbaren Erfahrung beziehen, als die wissenschaftlichen Begriffe und Theorien: während die letzteren diese Welt beschreiben und erklären, indem sie unser Wissen von ihr befestigen, erhellen und verklären jene ersteren das Bestehen dieser Welt, indem sie ihr einen tieferen Sinn und eine größere Bedeutung verleihen.[2]

Daraus, daß die Dichter so auffallend wenig den objektiven tatsächlichen Umständen und Bedingtheiten Rechnung tragen, daß sie so auffallend wenig Wert auf die bekannten und anerkannten, empirischen Grenzen legen, geht keineswegs hervor, daß die Dichter die Wirklichkeit verachten, daß sie im Kampf um die Wahrheit schlechthin versagen, daß sie das Wesen der Dinge mehr verbergen als entbergen. Mitnichten sollte man daraus folgern, daß das Sagen der Dichter keinen Anteil an der Herstellung und Aufrechterhaltung der Menschenwelt habe, daß dieses Sagen jeder logischen Bestimmung Trotz biete, daß es vollkommen unwichtig und unverbindlich im Vergleich mit dem Sagen des Wissenschaftlers sei. In der Tat wissen die Dichter viel besser als irgend jemand anderer, was für den Menschen lebenswichtig ist, sie dringen weiter und tiefer vor als die Wissenschaftler, sie geben viel mehr als die Wissenschaftler überhaupt geben können.[3] Es ist kein Zufall, daß in der mythischen

2. Zum Problem der künstlerischen Wahrheit vgl. Gerhard Krüger, Grundfragen der Philosphie (Frankfurt/M: V. Klostermann, 1965), S. 80 - 83. Vgl. auch S. 30 - 34.

3. Und dabei ist wichtig zu bemerken, daß dasjenige, was die Dichter einmal über ihre Gegenstände feststellen, keine Wissenschaft mehr in Frage oder in Abrede stellen kann. So Gerd Wolandt, Philosophie der Dichtung (Berlin: W.de Gruyter, 1965), S. 58.

Frühzeit der Beruf des Dichters so hoch geschätzt wurde, daß der Dichter einst als Seher galt, als der Mensch, der einzig weiß, der einzig weise ist. Und nicht einmal ist es zufällig, daß das Ansehen des Dichters auch im gegenwärtigen Zeitalter beständig erhalten wird (obgleich in beträchtlich veränderter Form und mit wesentlich verringerter Intensität), daß der heutige Mensch so gerne auf das Wort des Dichters horcht, daß er so gerne die dichterische Botschaft annimmt, daß er so gerne den Gebilden der dichterischen Phantasie seine Aufmerksamkeit widmet; obgleich freilich der heutige Mensch unvergleichlich weniger von den Dichtern erwartet, als es sein einstiger Vorgänger tat.

Jenes, was den Dichter am meisten vom Wissenschaftler trennt, was ein besonderes Gepräge seiner Erscheinung und seinem Beruf gibt, das ist seine tiefe Kenntnis der menschlichen Seele, das ist seine verfeinerte Sensibilität für alles Menschliche. In dieser Hinsicht kann der Wissenschaftler kaum den Dichter erreichen, geschweige denn mit ihm Schritt halten. In solchem Grade ist die intellektuelle Neugierde des Wissenschaftlers wesentlich anders ausgerichtet, als die Neugierde des Dichters. Im Grunde ist die Welt der inneren menschlichen Erlebnisse der wissenschaftlichen Methode schwer zugänglich, sie entweicht der wissenschaftlichen Behandlung. Insofern der Wissenschaftler überhaupt ein Interesse für diese Welt zeigt, kann er doch kaum etwas bestimmteres von ihr aussagen. Sogar der Psychologe verfügt über keine Kenntnisse von den tiefsten, verborgensten Schichten der menschlichen Seele, so daß der Dichter auch von ihm nicht allzu viel lernen kann.[4] Selbstverständlich bedeutet dies nicht, daß der Dichter sich vom Wissenschaftler hauptsächlich dadurch unterscheidet, daß er viel besser den Menschen kennt, daß er erheblich weiter und tiefer in die menschliche Seele eindringt. Davon ist keine Rede, daß der Dichter vollkommen gleichgültig gegen die Welt außerhalb des Menschen ist, daß er überhaupt nicht weiß, auf welche Weise die Welt des äußeren Naturgeschehens aufzufassen ist. Der moderne Dichter selbst, der viel mehr

4. Gerhard Krüger, a.a.O., S. 81.

subjektiv eingestellt ist, als der Dichter der früheren historischen Epochen, interessiert sich nicht nur für menschliche Gefühle und Stimmungen, und ist weit davon, nur über die Welt der inneren menschlichen Erlebnisse etwas sagen zu können. In einem gewissen Sinne nimmt die menschliche natürliche Umgebung einen wichtigen Ort im dichterischen Rahmen ein, obwohl sie in diesem Rahmen freilich nicht selten eine durchaus beschränkte und unselbständige Rolle spielt.

Man muß jedenfalls zugeben, daß der Dichter wesentlich anders als der Wissenschaftler an die Wirklichkeit herantritt, daß er in ihr etwas ganz anderes als der Wissenschaftler sucht, daß er in ihr etwas entdeckt, wofür der Wissenschaftler weder Ohr noch Sinn hat. Seine Bilder und Metaphern nennen und kennzeichnen auf wesentlich andere Weise die Dinge, auf die sie sich beziehen, als die Worte und Begriffe, die der Wissenschaftler gebraucht. Diese Bilder und Metaphern haben einen durchaus größeren Wirklichkeitsgehalt als die wissenschaftlichen Begriffe und Theorien. Zum Unterschied vom Dichter, der den Anspruch darauf erhebt, die Goldschlüssel des Wirklichkeitsverständnisses zu besitzen, hat der Wissenschaftler keine großen Ambitionen, er stellt sich vielmehr eine völlig beschränkte und bescheidene Aufgabe - die Tatsachen festzustellen und die Wahrscheinlichkeitsverhältnisse zwischen ihnen zu berechnen; er nimmt wenig Rücksicht auf den breiteren Sinnzusammenhang, in dem sich das Menschenleben ereignet und in dem die ganz verschiedenen innerlichen Bewegungen der menschlichen Seele eine wahre Bedeutung und eine volle Bestimmung erhalten. Und da die Wissenschaft keinen Versuch macht, auf die Frage nach dem Sinn und Wert des Menschenlebens zu antworten, worum sich alle Dichtkunst bemüht, versteht es sich von selbst, daß der Wissenschaftler weit hinter dem Dichter zurückbleibt hinsichtlich der Bereitschaft und Fähigkeit, dem Menschen jenes zu geben, was für ihn das Wichtigste ist.

Aber ohne Rücksicht darauf, daß die dichterischen Gestalten und Ereignisse dem wissenschaftlichen Blick unzugänglich sind, daß sie keine empirische Bedeutung im Sinne der wissenschaftlichen Methode haben, daß sie keinen Ort innerhalb des wissenschaftlichen Weltbildes einnehmen, wird es doch schwerlich zutreffen, daß diese Gestalten und Ereignisse willkürlich erdichtet sind, daß sie ein pures Erzeugnis der dichterischen Phantasie darstellen. Wie hätte es überhaupt dazu kommen können, daß die Bilder und Metaphern des Dichters eine so große Beachtung bei den Angehörigen zahlreicher Generationen fanden, daß sie das Gemütsleben der breitesten Schichten der Bevölkerung so unwiderstehlich in Bewegung brachten, daß sie einen so entscheidenden Einfluß auf die Stimmungen aller möglichen gesellschaftlichen Kategorien überall in der Welt ausübten, wenn ihr Gehalt keine reale Grundlage gehabt hätte, wenn es keine Objektivität in der Art ihrer Entstehung und Darstellung gegeben wäre?

Die echte Dichtung, wie die echte Kunst überhaupt, duldet keine Willkürlichkeit. Das dichterische Schaffen ist keine zufällige, beliebige, unverbindliche Improvisation, noch schwankt es überhaupt nach gewissen rein subjektiven Neigungen. Der wahre Dichter erdichtet nicht: weder bringt er blindlings seine Gestalten zur Welt, noch konstruiert er künstlich die Ereignisse, in die er diese Gestalten hineinlegt. Seine Phantasie hat eine feste innere Struktur, sie entfaltet sich mit aller möglichen Strenge, indem sie sich nach einer höheren Notwendigkeit und Objektivität richtet.[5] In diesem Sinne kann man mit Goethe sagen, daß die Dichter eine „exakte Phantasie" haben, und daß sich die echten Dichter von den bloßen Dilettanten eben dadurch unterscheiden, daß sie diese Art von Phantasie besitzen. Zum Unterschied von den ersteren, die ihre Gestalten folgerichtig aufbauen (sowohl in formaler, wie in inhaltlicher Hinsicht), kennen und anerkennen die Dilettanten keine Strenge, keine Notwendigkeit und keine Objektivität. Darum sinkt ihr „Schaffen" in leere Rhetorik, die niemanden rührt und betrifft.

Wenn wir sagen, daß der Dichter beträchtlich weiter und tiefer in die Wirklichkeit eindringt als der Wissenschaftler, daß er dem Menschen unvergleichlich mehr bringt, als der Wissenschaftler daran denkt, man könne von ihm überhaupt fordern,

5. Gerhard Krüger, a.a.O., S. 82.

dann behaupten wir nicht, daß die dichterische Wahrheit die wissenschaftliche Wahrheit in erkenntnistheoretischer Hinsicht übertrifft. Und noch weniger ist es uns darum zu tun, die Dichtung auf Kosten der Wissenschaft als eine vorzüglich schöpferische menschliche Tätigkeit hervorzuheben. Es handelt sich nicht darum, daß der Dichter tüchtiger und begabter als der Wissenschaftler ist, daß ihm alles besser gelingt als diesem letzteren. Zumal ist es ausgeschlossen, daß der Dichter allein für diese seine Durchdringlichkeit und Ausgiebigkeit verdienstvoll ist, daß hier seine persönliche Geschicklichkeit ganz und gar entscheidend ist. In der Tat ist die Einstellung des Dichters zur Welt eine wesentlich andersartige als die Einstellung des Wissenschaftlers. Über dem dichterischen Schaffen waltet ein wesentlich anderes Gesetz als über dem Schaffen des Wissenschaftlers.[6] Dies ist nicht nur daraus ersichtlich, daß der Dichter auf eine ganz andersartige Weise an die Wirklichkeit herantritt als der Wissenschaftler, daß seine Aufmerksamkeit von etwas ganz anderem angezogen wird, als die Aufmerksamkeit des Wissenschaftlers, sondern vielleicht noch deutlicher daraus, daß der Dichter einer ganz andersartigen Eröffnungsweise der Wirklichkeit entspricht, als der Wissenschaftler, daß sich die Wirklichkeit selbst auf eine ganz andersartige, unmittelbarere, anfänglichere Weise seiner Einbildungskraft erschließt. Wenn man überhaupt einen tieferen Sinn damit verbinden kann, daß der Beruf des Dichters so beständig weit höher eingeschätzt wird, als der Beruf des Wissenschaftlers, dann kann man die Erklärung für diese Beständigkeit darin finden, daß der Dichter gemäß einem höheren Auftrag spricht, daß er im Mittelpunkt der Welt verweilt (insofern er fest daran glaubt, daß sein Sagen aus dem Wesen der Dinge selbst kommt), während der Wissenschaftler seine Theorien nur auf Grund des eigenen Einsehens aufstellt, weil er als wirklich nur jenes anerkennt, was im Gesichtskreis seiner Erfahrung erscheint.

Derart gelangen wir ganz nahe dem Ziele, das wir uns hier gestellt haben, da wir jetzt die Möglichkeit haben, das Wichtigste

6. Über den Unterschied zwischen der poetischen und theoretischen Gegenständlichkeit vgl. Gerd Wolandt, a.a.O., S. 111 - 114.

einigermaßen klarzulegen. Es hat sich nämlich herausgestellt, daß die Dichtkunst die herrschende Ordnung der Dinge zerstört und entlarvt, daß sie alle empirischen Grenzen überschreitet, daß sie hoch über alles emporragt, was der gesunde Menschenverstand so krampfhaft gegen jede Entartung zu schützen versucht. Anstatt uns in der alltäglichen Lebenswelt zu erhalten und einzuwiegen (eventuell auch jenes verdrehend, was in dieser Welt als selbstverständlich gilt), führt uns die Dichtkunst in eine andere, höhere Welt, ein, in der alles so verschieden von jenem ist, woran wir gewöhnt sind, in der uns alles so fremd und seltsam, einerseits, und zugleich so nahe und bekannt, andererseits, ist.

Gerade darum, weil die Welt der dichterischen Phantasie einen ganz eigenartigen ontologischen Status hat, weil in dieser Welt ganz besondere Gesetze der Bewegung und Aufrechterhaltung gelten, leuchtet es ein, daß diese Welt schlechthin einmalig ist im Vergleich mit der Welt der wissenschaftlichen Objektivität. Als der Schaffende im emphatischen Sinne des Wortes, beschreibt und erklärt der Dichter keine empirischen Gestalten und Ereignisse, noch ahmt er irgendwelche Wirklichkeit, die an sich, unabhängig vom Menschen besteht, nach. Sein Schaffen steht in keinem Zusammenhang mit seiner angeblich übertriebenen Empfindlichkeit, seine Welt ist kein beliebiger Ausdruck gewisser wandelbarer Neigungen und Stimmungen, sondern das notwendige Zeugnis gewisser dauerhafter objektiver Verhältnisse. Sagen wir es so: die dichterischen Bilder und Metaphern drücken keine subjektive Stellungnahme des Dichters zur Welt und zum Leben aus, sondern aus ihr spricht eigentlich die wahre Bedeutung der Welt für das menschliche Leben.[7]

Zu den wesentlichen Merkmalen des dichterischen Sagens gehört die Berufung auf die übermenschliche Offenbarung, seine

7. Zur Deutung der Dichtung als Stiftung wahrer Welt vgl. Martin Heidegger, „Dichterisch wohnet der Mensch", in: Vorträge und Aufsätze II (Pfullingen: G. Neske, 1967), S. 61 - 78. Freilich versteht Heidegger unter „Dichtung" nicht so sehr die Poesie im Sinne der Literarhistorie, als vielmehr die mythische Dichtung.

wesentliche Voraussetzung ist die Überzeugung, daß das Dichten das Sein erreichen, daß das Dichten bei der Entdeckung des tiefsten Geheimnisses des Lebens vermitteln, daß das Dichten ein abgeschlossenes Weltbild aufbauen kann. Ganz dem Vernehmen gewisser geheimnisvoller, dem gewöhnlichen Blick unfaßbarer und undurchsichtiger Andeutungen des unendlichen Lebens in dem endlichen menschlichen Dasein hingegeben, und dabei noch voll vom Glauben an die unbeschränkte Macht der Sprache ergriffen - in der er ein von Haus aus mythisches Wesen erblickt - verkündet der Dichter eine Wahrheit, die nicht nur die menschliche, sondern die Wahrheit des Seins selbst ist. Insofern ist es unzweifelhaft, daß die dichterische Welt- und Lebensansicht sehr nahe der mythischen kommt, daß die Welt der dichterischen Phantasie auf gewissen mythischen Elementen beruht, daß wir bei allen Dichtern ausnahmslos einige Töne hören, die unaufhaltsam an die Urtöne der altertümlichen mythischen Sprache erinnern.[8] Oder richtiger: es kann nicht bezweifelt werden, daß in der jetzigen gesellschaftlich-geschichtlichen Situation die Kenntnis der dichterischen Bilder und Metaphern eine unumgängliche Bedingung für das Verständnis der wunderbaren mythischen Gebilde ist, mag es noch so richtig sein, daß eine gründliche Kenntnis dieser letzteren ebenso ein neues Licht auf jene ersten nachträglich werfen kann. Dies deswegen, weil der Mythos die uralte Stätte der Begegnung des Menschen mit der Wahrheit der Welt ist, weil der Mythos eine höhere und verehrungswürdigere Stätte dieser Begegnung darstellt als die Dichtkunst.

Es ist nicht nötig, hier gründlich die Struktur und Funktion der dichterischen Sprache zu untersuchen, wie wir auch entbehren können, viele andere schwierige Fragen, die in der Theorie der Dichtung so umstritten sind, eingehend zu analysieren. Für das Begreifen des Verhältnisses zwischen den mythischen Gebilden und den Gebilden der dichterischen Phantasie, worum es uns hier einzig zu tun ist, sollten die obigen Ausführungen genügen. Auf

8. Walter F. Otto, a.a.O., S. 225. Ähnlich Mircea Eliade, Myths, Dreams and Mysteries (London: Collins, 1968), S. 35.

Grund dieser Ausführungen kann man wenigstens jenen furchtbaren Widerstand gewissermaßen mildern, auf den der heutige Mensch stößt, wenn er zum ersten Mal mit den mythischen Bildern und Vorstellungen in Berührung kommt, man kann wenigstens teilweise jene auf den ersten Blick unüberschreitbare hermeneutische Grenze bewältigen, welche sich dem Menschen in den Weg stellt, wenn er zum ersten Mal an den Mythos herantritt. Oder mit anderen Worten: diese Ausführungen zeigen deutlich, daß der heutige Mensch von der Dichtkunst her wenigstens bis zu einem gewissen Grade den intimen Zugang zum mythischen Erbe der Vergangenheit finden, wenn schon nicht eine annähernde Vorstellung über den Charakter und Reichtum dieses Erbes gewinnen kann. Zum mindesten ist auf diese Weise klar geworden, daß einst eine Bewußtseinsstruktur bestehen konnte, die wesentlich verschieden von derjenigen ist, welche heute vorherrscht, daß einst eine Art der Menschheit leben konnte, die nach Zwecken und Zielen hinstrebte, welche wesentlich verschieden sind von den Zwecken und Zielen des modernen rational ausgerichteten Menschentums.

Es erübrigt sich vielleicht vollkommen, zu erwähnen, daß dieser Vergleich des Mythos mit der Dichtkunst ganz vorläufig ist, daß er einen durchaus beschränkten Wert hat.[9] Keine gewichtigere Frage der Philosophie der Mythologie kann vermittels dieses Vergleichs überhaupt gestellt, geschweige denn gelöst werden. Letzten Endes soll dieser Vergleich nur unsere Beschäftigung mit dem Mythos erleichtern, er soll nur helfen, daß wir uns dem Mythos annähern, um seinen Sinn zu enträtseln. Sobald er diesen Zweck erfüllt, wird dieser Vergleich überflüssig, ja sogar gefährlich, denn er könnte auf einen Irrweg führen. Als ob irgeneine geschichtlich bezeugte Abhängigkeit des Mythos von der Dichtkunst gesucht werden sollte! In Wirklichkeit ist der Mythos älter als die Dichtung. Und zwar wesentlich älter, so daß hinsichtlich seines Verhältnisses zur Dichtung kein Zweifel bestehen kann. Nur dank dem Umstand,

9. Vgl. dazu Walter F. Otto, a.a.O., S. 219. Zur Unterscheidung von Mythos und Dichtkunst vgl. Wilhelm Wundt, Völkerpsychologie II. Mythus und Religion (Leipzig: W. Engelmann, 1905), S. 590 - 598.

daß sich das Wesen der Welt zum ersten Mal in den wunderbaren mythischen Gestalten enthüllt hat, konnte der Dichter überhaupt dazu kommen, seine Verse aufzubauen. Zur Verbindung des Mythos mit der Dichtkunst ist es erst beträchtlich später gekommen, auf einer höheren Stufe der Kulturentwicklung, und diese Verbindung hat dem Mythos viel mehr geschadet als genützt. Es ist sogar nicht ausgeschlossen, daß diese Verbindung des Mythos mit der Dichtung verhängnisvoll für den Mythos war, daß diese Verbindung des Mythos mit der Dichtung die Hauptursache (oder wenigstens eine in der Reihe anderer, weniger bekannter und erforschter Ursachen) seiner Entartung und seines Verfalls gewesen ist.

4. SPRACHE UND MYTHOS

Man kann ohne Übertreibung sagen, daß die Beschäftigung mit den Fragen, die auf die Sprache zurückkommen, die das Sprachliche als solches angehen, die auf die Sprachlichkeit des Menschen verweisen, unsere gegenwärtige Situation in einem ganz besonderen Sinne auszeichnet. Vielleicht hat man sich nie vorher mit einer solchen Leidenschaft an die Sprache gewendet wie heute, und zwar sowohl vom philosophischen als auch vom wissenschaftlichen Standpunkt aus. Nicht nur die linguistische Philosophie, die hauptsächlich auf gewissen Grundeinsichten des späten Wittgenstein fußt, sondern auch die hermeneutische Richtung des philosophischen Denkens, die von Heidegger ausgeht - um von der sogen. generativen Linguistik ganz zu schweigen - geben ein beredtes Beispiel dafür. Im Angesicht einer solchen gesteigerten Sprachbewußtheit des heutigen Menschen, ja sogar seiner Ergriffenheit durch die Sprache, hat man unlängst das Facit gezogen und mit Nachdruck festgestellt, unsere Zeit sei eine „glottozentrische" Zeit.[1]

Selbstverständlich war das Interesse für die Sprache auch früher lebendig. Schon die Aufklärer, und der ihnen in vielem überlegene Vico, haben sich mit der Sprache eingehend beschäftigt. Auf die fundamentale Bedeutung der menschlichen Sprachlichkeit hat aber vor allem Wilhelm von Humboldt aufmerksam gemacht, indem er in seinen grundlegenden sprachphilosophischen Untersuchungen zeigte, daß jede Sprache eine eigentümliche Weltansicht in sich birgt. In unserem Jahrhundert hat Ferdinand de Saussure einem neuen Zugang zur Sprache den Weg gebahnt und die strukturalistische Sprachwissenschaft gegründet. An der

1. Vgl. zur grundlegenden philosophischen Fragestellung das sechsbändige Werk von Bruno Liebrucks, Sprache und Bewußtsein (Frankfurt/M: Akademische Verlagsgesellschaft, 1964 ff.)

heutigen Überflutung von sprachphilosophischen und sprachwissenschaftlichen Untersuchungen spürt man ganz deutlich die paradoxale Position des modernen Menschen, der sich immer mehr und mehr von jeder Tradition zu befreien bemüht, und immer wieder an die Grenzen dieser Befreiung anstößt; der immer mehr und mehr die Sprachgebundenheit des Denkens, d.h. die wesentlich perspektivistische Bindung des Denkens an die Sprache einsieht und anerkennt, zugleich aber immer wieder versucht, durch die Schöpfung von künstlichen Zeichensprachen sich von dieser Gebundenheit loszulösen, in der Einbildung, er könne einmal wirklich absolut frei sein.

Nun stehen wir vor dem fundamentalen Sachverhalt, daß die Sprache eine überlegene Macht ist, von der wir völlig abhängen, daß die Sprache unser Welt- und Selbstverständnis grundsätzlich ermöglicht und zugleich tiefgehend beschränkt, daß die Sprache allem unseren Reflexionsverhalten vorausliegt. Aber haben wir denn nicht schon etwas ähnliches vom Mythos angedeutet? Oder vielmehr: gilt nicht im Grunde dasselbe auch für den Mythos?

Die Sprache und der Mythos sind aufs engste miteinander verbunden. In den ältesten Entwicklungsstadien der Menschengeschichte war diese Gebundenheit so fest und beständig, daß man an eine Trennung überhaupt nicht denken konnte: Sprache und Mythos sind eigentlich zwei Aspekte ein und derselben Kulturmacht.[2] Wo immer wir den Menschen treffen, finden wir ihn mit einer Sprachlichkeit ausgestattet und inmitten einer Mythologie, d.h. unter der Herrschaft gewisser mythischer Vorstellungen. Die Welt der Sprache und des Mythos umfaßt den Menschen sozusagen wie die Welt der Dinge, diese sprachlich-mythische Welt ist eine Wirklichkeit sehr ähnlich derjenigen der Natur, weil der Mensch dieser Welt angehört, ihr unterworfen, von ihr getragen ist. Gar keine Spur davon, daß die Sprache und der Mythos ein Erzeugnis der freien menschlichen Tätigkeit

2. Walter F. Otto, Mythos und Welt (Darmstadt: Wissenschaftliche Buchgesellschaft, 1963), S. 279 - 290. Vgl. auch Ernst Cassirer, An Essay on Man (Garden City), N.Y.: Doubleday, 1956), S. 142, 148 - 149.

wären. In der Tat sind Sprache und Mythos die allereigenste menschliche Heimat, in ihnen sind wir alle erwachsen, beide sind unsere größten Erziehungsinstitutionen.

Die Sprache und der Mythos sind so eng miteinander verbunden, sie ergänzen und durchdringen sich so vollkommen und reibungslos, daß man leicht auf den Gedanken kommen kann, beide müßten einer gemeinsamen Quelle entspringen, wenn schon nicht ein und denselben Ursprung haben. Auf diesen naheliegenden Gedanken sind freilich schon viele hervorragende Wissenschaftler des vorigen Jahrhunderts gekommen. Da sie sich aber über den gemeinsamen Nährboden von Sprache und Mythos nicht verständigen konnten, haben die mutvollsten unter ihnen (in der Hoffnung, auf diese Weise einer Scheinerklärung zu entgehen) nach einer anderen Lösungsmöglichkeit gegriffen: sie haben nämlich versucht, den Mythos auf die Sprache zurückzuführen, den Mythos vermittels der Sprache zu erklären.

So hat Max Müller, der bekannte und verdienstvolle Indologe, eine ganze Theorie entwickelt, die den Mythos als ein eigenartiges Sprachphänomen ansieht, die den Mythos als ein bloßes Nebenprodukt der Sprache erklärt. Nach der Meinung dieses, seinerzeit sehr einflußreichen Wissenschaftlers, ist der Mythos (wie die Religion überhaupt) eine durchaus pathologische Erscheinung, eine Art Erkrankung des menschlichen Geistes. Unbefangen betrachtet ist der Mythos eine bloße Täuschung, obwohl nicht eine bewußte, sondern eine unbewußte Täuschung, tatsächlich eine Selbsttäuschung des menschlichen Geistes, die durch die Sprache verursacht worden ist. Laut den berühmten Worten Müllers ist der Mythos nichts anderes als der „dunkle Schatten, welchen die Sprache auf den Gedanken wirft“.[3] Zur Begründung dieser These hat Müller zuerst hervorgehoben, daß die Sprache ein natürliches Instrument des Geistes ist, insofern als sich der Geist vor allem mittels der Sprache objektiviert. In diesem Punkt hat Müller anscheinend vollkommen recht. Der Geist lebt wirklich nur in der Vermittlung, in der Äußerung, in der Vergegen-

3. F. Max Müller, Einleitung in die vergleichende Religionswissenschaft (Straßburg: K.J. Trübner, 1876), S. 316.

ständlichung, der nicht objektivierte Geist ist eigentlich kein wirklicher Geist.

Nun ist aber Müller einen Schritt weitergegangen und hat die Sprache als ein vollkommen unzuverlässiges Werkzeug gestempelt. Seiner Meinung nach kann die Sprache keine strenge Begrifflichkeit entwickeln, weil sie ihrem Wesen nach metaphorisch ist. Nicht nur, daß die Sprache unfähig ist, die Dinge unmittelbar zu beschreiben, sie klar und deutlich auszusagen, sondern sie bedient sich vielmehr der mittelbaren Beschreibungsformen, nimmt Zuflucht zu unklaren und zweideutigen Ausdrücken. Diese schillernde Vieldeutigkeit der Sprache macht diese besonders ungeeignet dazu, den höchsten Bedürfnissen des Geistes Genüge zu leisten, d.h. abstrakte Gedanken zum Ausdruck zu bringen. Wenn man aber trotzdem versucht, solchen Gedanken den sprachlichen Ausdruck zu geben, dann verfällt man notwendig in reinsten Unsinn. In dieser scheinbaren Unfähigkeit der Sprache, dem Denken wirklich behilflich zu sein, hat also Müller den letzten Erklärungsgrund aller Mythologie gefunden.

Man braucht heute nicht mehr Kritik an Müllers Theorie zu üben. Ihre Schwäche und Mängel sind schon längst bekanntgemacht worden und liegen ja auf der Hand. Die wichtigsten Bedenken gegen Müller betreffen selbstverständlich seine Auffassung der Sprache. Diese Auffassung ist wenigstens zu kurz, wenn schon nicht kurzsichtig. Aber auch die von ihm vorgelegte Erklärung des Mythos scheint völlig unbegründet zu sein. Mag Müller noch seine guten Gründe dafür haben, wenn er sich gegen gewisse derbe mythische Vorstellungen wendet, z.B. gegen die Vorstellung des höchsten Gottes als eines Wesens, das alle menschliche Verbrechen begeht, das seinem Weibe zürnt und gegen seine Kinder gewalttätig ist, doch hat er kein Recht, daraus zu schließen, daß der Mythos im allgemeinen auf „wirklicher Verrücktheit“[4] beruht. Diese seine Schlußfolgerung entbehrt jeder Rechtfertigung. Wie kann eigentlich eine ursprüngliche Weltbegegnung des Menschen nur eine Krankheitserscheinung, wie

4. F. Max Müller, Beiträge zu einer wissenschaftlichen Mythologie I (Leipzig: W. Engelmann, 1898), S. 66.

kann eine wesentlich sinnstiftende Tätigkeit des Geistes nur ein pures Ungeheuer sein?

Es scheint aber nicht unangebracht, hier rasch darauf hinzuweisen, daß ein bedeutender Vertreter der gegenwärtigen Philosophie, Ludwig Wittgenstein, der vom Werk Müllers vermutlich kaum etwas wußte, auf eine ähnliche Weise die Philosophie selbst in Frage gestellt hat. In einer ausgesprochen kritischen Stellungnahme, hat er die These verfochten, daß die Philosophie eine „Verhexung" unseres Geistes durch die Sprache ist, daß philosophische Probleme ein Produkt der linguistischen Krankheit sind, daß diese angeblichen Probleme nur deshalb entstanden sind, weil unser Denken an die Grenze der Sprache „angerannt" ist.[5] Eine merkwürdige Übereinstimmung!

Doch wie steht es eigentlich mit der Sprache, dieser seltsamsten aller menschlichen Fähigkeiten, und zwar unabhängig davon, ob der Mythos wirklich dieser Fähigkeit sein Leben verdankt, sei es auch nur als ihr Abfall ? Kann uns die Wissenschaft wenigstens über den Ursprung der Sprache, wenn schon nicht über ihr Wesen belehren ? Oder ist nur die Philosophie dazu berufen, das Wunder dieses Urphänomens des Geistes zu erklären?

Man kann sich leicht davon überzeugen, daß die wissenschaftlichen Theorien, die der Frage nach dem Ursprung der Sprache auf die Spur zu kommen versuchen, unzureichend und ungenügend sind. Aus der wissenschaftlichen Perspektive scheint der Ursprung der Sprache ebenso unklar wie der Ursprung des Mythos. Die bekannteste und weit verbreiteste Antwort der Wissenschaft auf diese Frage lautet: die Sprache ist aus dem Mitteilungs- oder Verständigungsbedürfnis entstanden, weil sie wesentlich ein Kommunikationsmittel ist. Diese Antwort geht zurück auf Aristoteles (der in seinen sprachwissenschaftlichen Untersuchungen den prägnanten Ausdruck einer aus dem Sophistenkreis stammenden Auffassung gegeben hat), kehrt aber immer in

5. Ludwig Wittgenstein, Philosophische Untersuchungen (Frankfurt/M.: Suhrkamp, 1971), §§ 109, 119 (S. 79, 81). Vgl. dazu das noch nicht veraltete Buch von Ernest Gellner, Words and Things (London: V. Gollancz, 1959).

verfeinerter und komplizierter Form in der modernen Sprachwissenschaft wieder.[6] In einem gewissen Sinne bildet sie die Grundlage und den Ausgangspunkt aller heutigen kybernetischen Sprachspielmodelle, die auf eine radikale Instrumentalisierung der Sprache hinzielen. Gegen jene wissenschaftliche Feststellung über den Ursprung der Sprache erhebt sich nun unumgänglich die Frage: was ist tatsächlich das, was mitgeteilt werden sollte? Solange es die Sprache nicht gab, hatte der Mensch (wie die Tiere übrigens) Aufschreie und Gesten zur Verfügung, mittels deren er mitteilen konnte, was lebensnotwendig war. Mußte vielleicht die Sprache deshalb entstehen, weil sich das menschliche Bewußtsein zuerst entwickelt hat, so daß der Mensch ein subtileres Mittel brauchte, um neue Inhalte ausdrücken zu können? Aber es gibt keine Denkinhalte ohne die Sprache, in der diese Inhalte objektiviert sind. Und kein Bedürfnis in der Welt kann ganz einfach das entsprechende Mittel schaffen, um sich selbst zu befriedigen. Offensichtlich muß die Sprache einen anderen Ursprung haben.

Unzureichend und ungenügend scheint auch die sogenannte genetische Sprachtheorie zu sein, d.h. die wissenschaftliche Erklärung der Sprache aus den sprachlichen Urbestandteilen, aus ganz primitiven Anfängen, die allmählich zur vollkommen ausgebildeten Sprache geführt hätten. Diese Theorie (die anscheinend von Herder herrührt) ist eine bloße Utopie. Es ist schlechthin unwahr, daß die Sprache aus einzelnen Worten oder einzelnen kurzen Sätzen entstanden ist, da beide diese sprachlichen Grundelemente in Wirklichkeit die Sprache als ein vollkommenes Ganzes voraussetzen. Namen von Dingen erscheinen nicht außerhalb der Sprache, die sie ermöglicht, geschweige denn die Wortverbindungen. Sie sind nicht selbständige Sprachmonaden, die sich zu einem Sprachuniversum erweitern können. Es muß letzten Endes zugegeben werden – und das ist eine wunderbare und unbegreifliche, jedenfalls aber eine unbestreitbare Tatsache – daß die Sprachen gerade am Anfang ihrer geschichtlichen Existenz die höchste Mannigfaltigkeit und

6. Martin Heidegger, Unterwegs zur Sprache (Pfullingen: G. Neske, 1959), S. 246. Vgl. im folgenden: Erich Heintel, Die beiden Labyrinthe der Philosophie I (Wien/München: R. Oldenbourg, 1968), bes. S. 138 - 143.

Ausdrucksfähigkeit aufweisen, ja sogar daß sie am Anfang im höchsten Grade formenreich und vielseitig sind. Sie beginnen mit der Vollkommenheit und brauchen nicht sich erst zu ihr zu entwickeln. Die Sprachen treten plötzlich ins Dasein, in all ihrem Prunk und ihrer Pracht, sie sind auf einmal da, sozusagen völlig ausgerüstet, sie besitzen alles, was sie brauchen, schon von vornherein, als ihr Ureigentum.[7] In der Tat ist die Entwicklungsgeschichte der Sprachen eine Verfallsgeschichte. Durch den Gebrauch werden die Sprachen eigentlich verbraucht; sie verlieren zunächst ihre Lebendigkeit und Frische, um endlich gänzlich der Erstarrung zu unterliegen.

Die prinzipielle Schranke aller sprachwissenschaftlichen Untersuchungen scheint darin zu liegen, daß sie ein Ohr nur für die späten, abgeleiteten, subjektiven Formen der Sprache[8] haben, daß in ihrem Rahmen die Sprache nur als ein bloßes subjektives Gebilde, nur als ein gewöhnliches Kommunikationsmittel behandelt wird. Auf diese Weise verbaut sich die Wissenschaft jede Möglichkeit, die Herkunft und das Wesen der Sprache wahrhaftig zu ergründen, und ganz besonders das Verhältnis der Sprache zum Mythos zuverlässig zu bestimmen. Die Sprache ist nämlich etwas beträchtlich höheres, tieferes, gewaltigeres, als die Wissenschaft überhaupt zugeben kann. Sie ist nicht nur ein Verständigungsmittel, ein Werkzeug der Information, ein Instrument der Verlautbarung von Vorstellungen zum Zwecke ihrer Mitteilung (oder wenigstens war sie nicht seit alters her ein solches Instrument). Die Sprache rührt nicht von einem menschlichen Ich her, das seine inneren Impulse ausdrücken, das seine äußeren Bedürfnisse befriedigen will. Sie ist nicht nur ein Nutzrequisit, das die Menschen in die Welt bringen, um das eigene Leben zu sichern, sondern sie ist vor allem ein Sinnhorizont, an dem sich zeigt, daß die Menschen eine Welt überhaupt haben können.[9] Im Grunde ist die Sprache eine Selbstoffenbarung der Welt, und insofern als der

7. Walter F. Otto, a.a.O., S. 281.

8. Martin Heidegger, a.a.O., S. 249.

9. Vgl. Hans-Georg Gadamer, Wahrheit und Methode (Tübingen: J.C.B. Mohr/ P. Siebeck, 1965), S. 419.

Mensch auf diese Offenbarung entsprechend antwortet, ist sie zugleich eine Begegnung des Menschen mit der Welt.

Alle Mythologie ohne Ausnahme legt ganz eindeutig ein Zeugnis davon ab, daß die Sprache ursprünglich nicht als eine rein menschliche Angelegenheit, sondern als ein göttliches Geschehen aufgefaßt wurde. Im mythischen Sagen spüren wir sozusagen schon unter den Händen, daß die Sprache ursprünglich keine menschliche Rede über irgendeinen profanen Sachverhalt war, die richtig oder unrichtig sein kann, sondern das göttliche Ansprechen des Menschen, in dem sich das Wesen der Welt selbst offenbart. Die griechischen Epiker, die eigentlich mythische Dichter waren, zeigen besonders eindrucksvoll, daß *mythos* ursprünglich schlechthin göttliches Wort bedeutete. So beginnt Homer seine beiden Gedichte mit dem Anruf der Musen.[10] Schon die Eingangsverse der *Ilias* und der *Odyssee* bitten die Musen nicht etwa, dem Dichter beizustehen, sondern selbst zu singen. „Singe, o Göttin, den Groll des Peliden Achilleus...", heißt es am Beginn der *Ilias.* „Nenne mir, Muse, den Mann, den vielgewandten...", heißt es wiederum am Beginn der *Odyssee*. Die Anrufung der Musen, die selbst als Göttinen gelten, ist kein rhetorisches Mittel, dessen sich die Dichter bloß äußerlich bedienen, um ein höheres Ansehen ihrem Werk zu verschaffen, sondern sie gehört zur Wesensart des mythischen Sagens selbst. In der mythischen Dichtkunst sind danach die eigentlich Sagenden nicht die Dichter, die ihr nur ihre menschliche Stimme verleihen, sondern die Göttinen, Töchter des höchsten Gottes und der Titanin Mnemosyne, der Göttin des Gedenkens.

Mit der heute geläufigen, ja sogar fraglos herrschenden Auffassung, wonach die Sprache ein pures Organ der Mitteilung ist, kommen wir überhaupt nicht an das mythische Sagen heran. Obwohl diese Auffassung einem natürlichen Blick auf die Sprache zu entsprechen scheint – ist es denn nicht einleuchtend, daß die Sprache gerade die Mitteilung von Gefühlen, Bestrebungen und Meinungen vermittelt, die der Mensch sich von den ihn umge-

10. Darauf hat zuerst Walter F. Otto, a.a.O., S. 265, 277 - 278, 288 hingewiesen.

benden Dingen gemacht hat? – reicht diese Auffassung doch nicht aus, die mythische Sprache nicht einmal zu bedenken, geschweige denn zu verstehen. Denn diese Sprache versteht sich selbst, wie gesagt, als eine nicht von Menschen, sondern von Göttern in Gang gesetzte Tätigkeit. Das ist eine Sprache, die sozusagen von sich selbst aus spricht. Nach einem treffenden Ausdruck von Karl-Heinz Volkmann-Schluck, den er in freier Anlehnung an Heideggers Sprachphilosophie gebildet hat, erscheint die mythische Sprache als „ein Sich-sagen-lassen des zu Sagenden“[11]. Eine solche Sprache aber, welche die Wahrheit darüber eröffnet, was sich zwischen Menschen und Göttern begibt, ist für uns Heutige ein Rätsel, weil sie sich seit langem schon ins Schweigen zurückgezogen hat. Wir kennen heute nur eine Sprache des begründenden oder ergründenden Denkens; eine denkende Sprache also, welche überall den Anspruch auf die Zustellung des Grundes erhebt. Alles andere ist für uns fast eine Mystifikation. Wenn nun aber Heidegger in einer Reihe gewichtiger Schriften versuchte, die Sprache als ein Sprechen, das auf einem Zuspruch der Sprache selbst beruht, zu deuten, dann hat er uns derart zum mindesten jene uralte mythische Sprachwirklichkeit ein bißchen näher gebracht, wenn schon nicht den Weg zu ihrem Verständnis gebahnt.

Wie dem auch sei, es steht fest, daß Sprache und Mythos nicht nur eng miteinander verbunden sind, sondern vielmehr in eins zusammenfallen: der Mythos ist die Urform, die Urgestalt der Sprache. In ihm ist das Wort dem Sein gleichgesetzt und auf diese Weise in seiner Würde und Allmacht aufbewahrt.

Die griechischen Worte *mythos* und *logos* drücken ganz deutlich den Wesensunterschied zwischen den beiden Grundformen der Sprache aus, zwischen der Sprache im objektiven und der Sprache im subjektiven Sinn, an den wir bei unserem schlichten Überlegen gekommen sind.[12] Obwohl beide Worte ursprüng-

11. Mythos und Logos. Interpretationen zur Schellings Philosophie der Mythologie (Berlin: W.de Gruyter, 1969), S. 119.

12. Vgl. die aufschlußreiche Darstellung von Walter F. Otto, Die Gestalt und das Sein (Darmstadt: Wissenschaftliche Buchgesellschaft, 1959),

lich das Wort bedeuten, stehen sie doch von vorneherein in einem schroffen Gegensatz zueinander. Das Wort, auf das man im ersten Fall verweist, bedeutet etwas ganz anderes, als das Wort, an das man im zweiten Fall denkt. Einerseits meint *mythos* das wahre Wort, das keinen Zweifel und keine Nichtachtung zuläßt, er bedeutet das autoritative Wort, das Tatsachen berichtet oder durch seine Aussprache Tatsache werden muß. Zahlreiche Belege von diesem Wortgebrauch finden sich bekanntlich schon bei Homer, aber auch bei vielen anderen griechischen Schriftstellern. Andererseits ist aber *logos* das Wort aus der Perspektive des Denkenden und Sagenden, es ist das gedachte, belehrende, überredende Wort, in ihm kommt ein subjektives Rücksichtnehmen zum Ausdruck. Von dieser zweiten Gebrauchsweise gibt es auch zahlreiche Beispiele bei Homer und anderswo.

Selbstverständlich können wir uns hier nicht mit den philologischen Einzelheiten beschäftigen. Diese müssen den Fachwissenschaftlern überlassen werden. Im Rahmen der philosophischen Fragestellung scheint es doch besonders wichtig, darauf aufmerksam zu machen, daß Platon, der lebenslang mit dem Mythos gerungen hat, an einem entscheidenden Punkt seiner Darlegung die Möglichkeit der Wiedervereinigung dieser beiden Grundformen der Sprache andeutete. Daß Platons Stellungnahme zum Mythos nicht nur nicht durchaus folgerichtig, sondern gerade äußerst schwankend war, klingt zunächst fast unglaublich. Und doch ist es eine unleugbare Tatsache. So sagt Platon im *Timaios* ganz entschieden, daß der Mythos keinen Anspruch auf die Wahrheit erheben kann. Das folgt unzweideutig aus seiner Feststellung, der Bericht über die Atlantis sei keine erdichtete Erzählung, sondern die wahre Rede (*me plasthenta mython, all' alethinon logon*, Tim. 26e). Im zweiten Buch der *Politeia* scheint aber Platon nicht ganz sicher zu sein. Seinen Worten zufolge ist der Mythos im ganzen genommen falsch, enthält

S. 66 - 71. Vgl. auch Karl Kerényi, Wesen und Gegenwärtigkeit des Mythos (München/Zürich: Droemer/Knaur, 1965), S. 134 - 135.

13. Vgl. die bahnbrechende Untersuchung von Walter Hirsch, Platons Weg zum Mythos (Berlin: W.de Gruyter, 1971), bes. Kap. 6.

aber doch Wahres (*to holon eipein pseudos, eni de kai alethe*, Rep. 377a). Dieses Zugeständnis hatte folgenschwere Konsequenzen. Denn im sechsten Buch der *Politeia* verwandelt sich *mythos* in eine Art von *logos* im weitesten Sinne. An einer kritischen Stelle spricht nämlich Sokrates folgende Worte aus: *oude he politeia, hen mythologoumen logoi, ergoi telos lepsetai* (Rep. 501e), auf deutsch: der Staat, den wir in Worten gedichtet haben, wird nie Vollkommenheit in der Wirklichkeit erreichen. Das scheint dafür zu sprechen, Platon habe nachträglich eingesehen, daß sein Wesensentwurf des Staates einen mythisch-logischen Charakter hat, d.h. an beiden Grundformen der Sprache teilnimmt. Der Hinweis auf diese Wandlungen in der Platonischen Stellungnahme zum Mythos verdient jede Beachtung. Was aber diese rätselhafte Tatsache für das Ganze der Platonischen philosophischen Position bedeutet, können wir hier nicht weiter verfolgen.[13] Vielleicht ist Platons Kampf gegen die Sophistik irgendwie auf der Überzeugung gegründet, daß die absolute Herrschaft des Logos eingeschränkt sein, daß sie zugunsten einer durch den Mythos vermittelten, korrigierten, ja geteilten Herrschaft abgelöst werden muß.

Jedenfalls ist der Mythos die ursprüngliche Sprache der Welt, d. h. die Offenbarung der Welt in ihrer ersten Gestalt. Im Mythos waltet eine Helle, darin die Welt von sich her sich dem Menschen in ihrer Fülle zuallererst gezeigt hat. Der Mythos tönt aus höheren Sphären, das ist eine göttliche Botschaft an die Menschen.

5. DIE ABSOLUTE WAHRHEIT DES MYTHOS

Wenn wir nun die Frage nach dem Wahrheitsbegriff des Mythos stellen, in der Absicht, den mythischen Wahrheitsanspruch philosophisch verständlich zu machen, dann beschränken wir uns auf die menschliche Seite des Mythos und legen seine göttliche Seite zurück. Ob der Mythos wirklich ein Geschenk vom Himmel, eine göttliche Gabe sei, ob in der mythischen Sprache die Gottheit selbst wirklich den Menschen anspreche, überlassen wir den Berufenen zu entscheiden. Daß die Götter in einem innigen Verhältnis zu den Menschen stehen, und dabei die ganze Initiative auf sich selbst nehmen, darüber können wir nicht ernsthaft streiten, geschweige denn aufgrund einer Argumentation irgendetwas beschließen. Jedenfalls unterschätzen wir den Mythos nicht, es liegt uns jeder Gedanke fern, der Mythos sei ein leeres Gerede, oder ein raffiniertes Betrugsmittel, ein kühner Kunstgriff des menschlichen Machtwillens.

Zwar drängt sich dann unumgänglich die Frage auf, inwiefern ist es unter dieser Bedingung überhaupt noch sinnvoll, nach einem adäquaten Mythosverständnis zu streben. Kann sich jemand, der draußen steht und draußen auf immer stehenbleiben wird, überhaupt noch einen Gedanken davon bilden, was sich im Inneren der mythischen Welt abspielt? Kann ein Spätling, der den Mythos nur als eine menschliche Angelegenheit betrachtet, überhaupt noch an das, was den Mythos zum Mythos macht, herankommen? Kann ein Ungläubiger, der den Mythos nicht annimmt, der sich für ihn nicht engagiert, der auf die mythische Sprache nicht mehr hören kann wie der Gläubige, kann ein solcher Sonderling überhaupt noch vom Mythos im ursprünglichen Sinn ein vernünftiges Wissen haben? Es muß gleich zugegeben werden, daß wir den Mythos nicht mehr so verstehen können, wie ihn die Menschen der Frühzeit verstanden haben. Für uns Heutige ist nur eine allmähliche und teilweise Annäherung an die mythische Welt möglich. Das hinterlassene mythische Wort, insofern sich in ihm eine sakrale Urerfahrung der Menschheit ausspricht, bleibt für uns unwiederbringlich in Dunkel gehüllt. Zu unserem Trost können wir aber sagen, daß die Möglichkeit eines adäquaten Verstehens des ,,anderen Geistes", des gegenwärtigen nicht minder als des vergangenen, überhaupt stark begrenzt ist. Auch die tiefsten Worte der großen Denker der Vergangenheit, in denen das profane menschliche Wissen zum Ausdruck kommt, können wir nicht ganz verstehen, und nicht einmal ausschöpfen, sondern nur teilweise erschließen.

Unsere Beschränkung auf die menschliche Seite des Mythos ist also mehr eine erzwungene als eine freiwillige Entscheidung. Jedenfalls ist es eine rein methodische Entscheidung. Die Frage nach dem Wahrheitsgehalt des Mythos ist auf diese Weise nicht nur nicht definitiv beantwortet, sondern nicht einmal vorläufig gestellt. Mit der Kundgebung, wir wollen die göttliche Seite des Mythos vollkommen ausschalten, ist nur der Rahmen unserer Betrachtung vorgezeichnet. Und das bedeutet, daß diese unsere Stellungnahme gar nichts mit der sogen. anthropologischen Reduktion der mythischen Welt- und Lebensansicht zu tun hat. Wir wollen uns nicht schon von vornherein auf den Standpunkt eines Feuerbach stellen, geschweige denn mit ihm identifizieren. Unser Ausgangspunkt ist nur ein notgedrungenes Zugeständnis an diese gottlose Zeit.

Im Einklang damit sei es gleich bemerkt, daß hier kein Versuch einer allegorischen Auslegung und Deutung des Mythos unternommen wird. Wir befragen den Mythos mit Hinblick auf die ihm eigene Wahrheit und nicht mit Hinblick auf irgendeinen anderen Wahrheitsgehalt, den er haben kann und der angeblich hinter dem Mythologischen liegt. Dieses Festhalten an die dem Mythos eigene Wahrheit scheint unumgänglich, weil jede allegorische Auslegung und Deutung des Mythos im Grunde eine Negation seines mythischen Wesens bedeutet. Der Mythos bedarf keiner Hilfe. In ihm ist genau das gemeint, was gesagt ist, nicht etwas anderes. Das Mythologische an ihm ist kein Sinnbild der Wahrheit, sondern die Wahrheit selbst. Man begeht einen schweren Irrtum, wenn man glaubt, es lasse sich das, was der

Mythos besagt, auch in unmythischer Sprache ausdrücken, es lasse sich der Mythos irgendwie übersetzen. In der Mythologie gehört die Sprache mit zu der Sache, wie es Schelling mit Recht wiederholt hervorgehoben hat.[1] Man kann also nicht den bildlichen Ausdruck entfernen, um einen angeblichen abstrakten Sinn hinter diesem Ausdruck zu fassen. Die mythische Sprache ist keine allegorische Sprache.

Es ist eine völlig verkehrte, obgleich weit verbreitete Auffassung, daß der Mythos eine Verhüllung der Wahrheit ist, daß der Mythos eine sinnliche Verkleidung des Gedankens darstellt, daß unter seinem bildlichen Gewand sich eine abstrakte Idee verbirgt. Die berühmte Formel vom Mythos als dem Kleid der Wahrheit entbehrt jedoch jeden vernünftigen Grundes.[2] Als ob die Wahrheit im Mythischen gefangen wäre und durch einfache Abstreifung der mythischen Hülle, durch bloße Entfernung der mythischen Form, befreit werden könnte! Als ob die mythische Wahrheit unabhängig vom sinnlichen Ausdruck noch einen unmythischen Sinn hätte, der ihren eigentlichen Kern bildete! In der Tat ist der Mythos wesentlich eine Enthüllung und nicht eine Verhüllung der Wahrheit. Auf die ihm eigene Weise offenbart der Mythos den höchsten Lebenssinn, in ihm bricht eine gewaltige Sinnhelle auf, die den Menschen in eine höhere sinnhafte Ordnung hineinstellt, die er als eine nicht von ihm selber stammende begreift. Insofern der Mythos das Übersinnliche nach der Art des Sinnlichen prägt, d. h. das Unendliche in endlicher Form darstellt, ist die Wahrheit in ihm freilich zugleich auch verhüllt, indem sie enthüllt ist.[3] Das ist aber etwas ganz

1. Vgl. Philosophie der Mythologie, Sämtliche Werke XII (K.F.A. Schelling) (Stuttgart/Augsburg: J.B. Cotta, 1857), S. 561.

2. Im Gegensatz zu Rudolf Bultmann, der diese Auffassung im Rahmen seines bekannten Programms einer radikalen Entmythologisierung des Christentums entwickelte, darauf hat Franz Vonessen hingewiesen. Vgl. Mythos und Wahrheit (Frankfurt/M: V. Klostermann, 1972), S. 59 - 65.

3. Auf diesen Widerspruch des mythischen Bewußtseins hat schon Hegel aufmerksam gemacht. Vgl. Einleitung in die Geschichte der Philo-

anderes als das, was die genannte Auffassung vor Augen hat.

Der Mythos ist tief in der Sinnlichkeit verwurzelt, die eindrucksvolle Materie des Sinnlichen ist seine wesentlich bestimmende Instanz. Der ausgesprochen polytheistische Charakter des mythischen Weltbildes steht in unmittelbarem Zusammenhang mit dieser festen Gebundenheit des Mythos an die Sinne. Der mythische Mensch haftet vollkommen am sinnlich Gegebenen, er ist rein sinnlich-rezeptiv eingestellt, er ist blind vom Seienden als schlechthin Göttlichen ergriffen. Sein Denken ist völlig dem Sinnlichen untergeordnet, ihm ist es noch nicht gelungen, im Widerstand gegen die Macht des andringenden Seienden, sich auf seine Freiheit zu besinnen. Der mythische Mensch steht noch ganz unselbständig im Banne des sinnlichen Eindrucks. Und so kommt es, daß sich ihm das Wirkliche völlig anders darbietet, als dem philosophisch und wissenschaftlich verklärten Menschen. Der sinnliche Eindruck beeinflußt tief den mythischen Menschen, sein ganzes Gemüt, sein Vorstellen, sein Denken. Dieser Eindruck erregt stark seine Einbildungskraft, so daß er, von einer bestimmten Stimmung überkommen, das sinnliche Bild mit anderen solchen Bildern zwangsläufig verknüpft und eine Bilderwelt erschafft, die ihm als unmittelbare Wahrheit der Welt selbst erscheint.

In diesem Sinne kann man sagen, daß der Mythos noch nicht die selbständige Bedeutung des Denkens für das Entdecken des Wirklichen erkannt, daß er sich noch nicht auf die Kraft des Denkens ausdrücklich verlassen hat. Nicht nur, daß der Mythos kein adäquates Medium für die Darstellung des Gedankens gefunden hat, sondern es fehlt ihm jeder Begriff von der Spontaneität der menschlichen Vernunft. Da der Mythos im Banne der Sinnlichkeit bleibt, kann er den Menschen nicht in ein denkendes, d. h. freies Weltverhältnis bringen. Der mythische Mensch lebt in einer ungebrochenen Einheit mit der Natur, er fühlt sich

sophie (J. Hoffmeister) (Hamburg: F. Meiner, 1966), S. 52 - 57, sowie S. 170 - 171, 202 - 206, 210 - 212. Zu den folgenden Ausführungen vgl. auch Gerhard Krüger, Grundfragen der Philosophie (Frankfurt/M: V. Klostermann, 1965), S. 74 - 80.

tief durch die höheren Mächte betroffen, er kann sich selbst nicht Rechenschaft von seinem eigenen Tun und Lassen geben.

Man kann noch einen Schritt weiter gehen, und behaupten, daß der mythische Mensch vollkommen blind gegen sein eigenes Schöpfertum ist, und daß diese Blindheit eine unumgängliche Folge seiner naiv-realistischen Haltung darstellt. Der mythische Mensch verliert sich sozusagen restlos in seinem eigenen Unvermögen, Bild und Sache, Zeichen und Bezeichnetes, Vorstellung und Gegenstand zu unterscheiden, und das heißt eigentlich, sich selbst als eine sinnproduzierende Macht zu verstehen. In den Bildern, die er sich vom Göttlichen macht, sieht der mythische Mensch nicht die Produkte seines eigenen Tuns. In diesen Bildern glaubt er noch unmittelbar das Göttliche selbst zu besitzen, eben weil er sie niemals als bloße Zeichen, sondern als konkret-sinnliche Offenbarung nimmt. Indem er sich also die Produkte seiner eigenen Tätigkeit als objektive Gebilde entgegenkommen läßt, verfällt der mythische Mensch dem „dialektischen Schein", um in Anschluß an Kant zu sprechen, der diesen Schein in allen Gottesbeweisen, die glauben, Gott als eine seiende Existenz beweisen zu können, aufgedeckt hat.[4]

Und trotzdem lebt der mythische Mensch in voller Gewißheit seiner menschlichen Lebensaufgabe und seiner menschlichen Weltverantwortung. Oder genauer: er lebt derart eben dank dem Umstand, daß er den dialektischen Schein nicht durchschaut hat. Denn der Mythos bringt alles, was der Mensch braucht, um getrost leben zu können, in ihm kann der Mensch alles finden, was beruhigt, ermutigt, erquickt.[5] Der Mythos spricht aus dem Wesen der Dinge, und nicht aus dem Randgebiet ihrer Erscheinung, er verkündet einen Gesamtsinn und eine Gesamtschau des Weltalls und des Menschenlebens. Der Mythos deutet sich selbst als das Sprachrohr der Gottheit, er ist eine göttliche Botschaft

4. Darüber, daß die Kritik Kants auch Mythos und nicht nur Metaphysik betrifft vgl. Bruno Liebrucks, „Sprache und Mythos", Erkenntnis und Dialektik (Den Haag: M. Nijhoff, 1972), S. 120 - 122.

5. Vgl. dazu Eugen Fink, Erziehungswissenschaft und Lebenslehre (Freiburg: Rombach, 1970), S. 95 - 96.

an die Menschen. Sein Wort erhellt vollkommen die Lebenslandschaft des Menschengeschlechts, seine Sinngebung durchdringt den ganzen Menschen und verklärt die gesamte Welt- und Lebensordnung. Der Mythos läßt nichts fraglich, er weist alle Ungewißheit zurück, er macht ein Ende aller Unsicherheit. Seine Wahrheit umgrenzt ein geschlossener Horizont des Sinnes, in dem sich der Mensch mit Vertrauen ansiedeln kann. Unter dem Schirm des Mythos lebt der Mensch zuverlässig, mit festem, unerschütterlichem Boden unter seinen Füßen. Er weiß ganz genau, wozu jede seine Tätigkeit dient, er ist vollkommen im klaren, warum er zu arbeiten, zu kämpfen, zu beten hat, ja es ist für ihn eine Selbstverständlichkeit, was er im Leben überhaupt erwarten darf.

Offenkundig ist der Wahrheitsbegriff des Mythos sehr anspruchsvoll, da er sich an den bekannten, schon längst gebräuchlich gewordenen Wahrheitsbegriff der *adaequatio rei et intellectus* überhaupt nicht zurückführen läßt. Die mythische Wahrheit überschreitet vielmehr alle menschlichen Grenzen. Das ist eine von der wissenschaftlichen und philosophischen Wahrheit, die grundsätzlich als die endliche Leistung des endlichen Menschen verstanden wird, vollkommen verschiedene Wahrheit. Das ist eine übermenschliche, unendliche, absolute Wahrheit.[6] Man kann an ihr folgende Grundzüge unterscheiden:

Zunächst und vor allem ist die Wahrheit des Mythos wohlabgerundet, allumfassend, ganzheitlich, ihr Bogen ist hoch über

6. Vgl. Raffaele Pettazzoni, „Die Wahrheit des Mythos", Paideuma, 4 (1950), S. 5, 7. Jetzt in: Karl Kerényi (Hrsg.), Die Eröffnung des Zugangs zum Mythos (Darmstadt: Wissenschaftliche Buchgesellschaft, 1976), S. 258, 261. Es sei nebenbei bemerkt, daß die Hegelschen Begriffe das „absolute Wissen", die „absolute Idee" oder das „Absolute" keine religiöse Bedeutung haben – wie manchmal leicht vorausgesetzt wird – so daß man seine Konzeption der Wahrheit nicht einmal in Verbindung mit dem Mythos bringen, geschweige denn als bloße „Mystifikation" stempeln kann. Obwohl Hegel freilich gelegentlich das Absolute auch mit dem, was das religiöse Bewußtsein als Gott vorstellt, identifizierte, zielt doch seine Kennzeichnung „absolut" für das Erkennen bzw. Begreifen des „Ansichseienden" auf etwas ganz anderes hin. In diesem Fall handelt es sich nämlich um die logische Darstellung dessen, was ist, d.h. um die vollkommene Übereinstimmung

dem Seienden gespannt, ihrem Selbstverständnis nach überbrückt sie den Abstand zwischen Himmel und Erde. Alles Wirkliche ist durch diese Wahrheit vermittelt, ja durch sie erst als Wirkliche gesetzt. Der Mythos weiß alles, nichts ist ihm verschlossen, er ist eine „allwissende Allmacht", nach einem treffenden Ausdruck von Eugen Fink.[7] Der Mythos spricht von der Welt im Ganzen mit derselben Leichtigkeit, mit der wir im alltäglichen Gespräch über die binnenweltlichen Dinge sprechen. Sein Grundgerüst bilden die Erzählungen über den Ursprung von Himmel und Erde, wie über den Ursprung von Göttern und ihrem Umgang mit den Menschen. Der Mythos verkündet eine Gesamtwahrheit, die grundsätzlich unerschöpflich ist. Ihm ist die Grundverfassung des Weltalls ebenso gut bekannt wie die Grundverfassung des Menschenlebens. In der Tat stiftet eigentlich der Mythos diese Grundverfassung, indem er den letzten, höchsten, allumfassenden Welt- und Lebenssinn offenbart. Innerhalb der mythischen Welt hat alles Menschliche einen genau bestimmten Ort, ja ist in einem allumfassenden Sinnzusammenhang verankert. Hier ist der Teilsinn einzelner Lebensbereiche und einzelner Tätigkeiten umfangen und getragen von einem letzten Gesamtsinn, der alles heilt und versöhnt.

Andererseits ist die Wahrheit des Mythos transparent, einleuchtend, unzweideutig, sie durchdringt alle Dinge völlig und restlos, sie nimmt ihnen jede Fremdheit, jede Rätselhaftigkeit. Das ist eine Wahrheit, die das Seiende im Ganzen vollkommen vergeistigt, indem sie keine Spur der Unbegreiflichkeit an jeweiligem Seienden läßt. Der Mythos duldet keine Halbheit, keine Zweideutigkeit, keine Doppelherrschaft, seine Wahrheit führt in

des Begriffs mit jenem „Anderen", das ihm gegenübersteht, also um die vollkommene Durchdringung des objektiv „realen" Inhalts mit den subjektiven Denkbestimmungen. Aus selbstverständlichen Gründen können wir hier aber weder die philosophische Position Hegels näher betrachten, noch den metaphysischen Hintergrund seiner Wahrheit-Konzeption eingehend erörtern, sondern müssen unserem unmittelbaren Thema, der absoluten Wahrheit des Mythos zurückkehren.

7. a.a.O., S. 130. Ähnlich Raffaele Petazzoni, a.a.O., S. 7.

eine Ferne, wo Licht ohne Dunkel, Helle ohne Finsternis, Entbergung ohne Verbergung geschieht.[8] In der schattenlosen oder schrankenlosen Klarheit dieser unendlichen Wahrheit liegen alle Dinge offen vor, in ihrer natürlichen Nacktheit, wie vor dem Auge Gottes alle Dinge liegen müssen. Und das gilt selbstverständlich nicht nur für die binnenweltlichen Dinge, welcher Art sie immer sein mögen, sondern auch für die Götterwelt und das Weltall im Ganzen. Der Mythos beschreibt die Taten und Handlungen der Götter und die Abfolge der Göttergeschlechter auf dieselbe Weise, mit derselben Klarheit und Gewißheit, wie die Taten und Handlungen der Menschen. Für ihn liegt das Ganze alles Seienden offen vor, in einer glänzenden, prunkvollen, fast verblendenden Lichtung, die von keiner Finsternis umwunden oder umrandet ist. In dieser Lichtung zeigen sich die Götter genau so wie die Menschen, sie erscheinen in einer festen, faßlichen Gestalt, obgleich manchmal freilich im Erscheinen von beliebigen Dingen.

Und *last, but not least* ist die Wahrheit des Mythos endgültig, unerschütterlich, unabänderlich, das ist eine Wahrheit, die von altersher in Geltung gebracht ist, und zwar auf Grund einer göttlichen Offenbarung, und die durch langes Festhalten das Kennzeichen des Selbstverständlichen bekommen hat. Nichts von dem, was im Mythos ausgesagt ist, kann als vorläufig betrachtet werden, geschweige denn als zeitweilig und vorübergehend. Der Mythos weiß sich im Besitz eines festen und definitiven Wissens. Die Wahrheit des Mythos ist mit einer übermächtigen Hand auferlegt (und wird mit einer solchen Hand auch weiter erhalten), das ist eine heilige, unantastbare Wahrheit, die der Mythos verkündet, und man muß sich ihr nur bescheiden und demütig fügen. Diese Wahrheit kann nicht überholt werden, sie bleibt für immer unverändert, sie veraltet niemals. Innerhalb der mythischen Welt ist es vergeblich, nach einem Mehr-Wissen-Wollen zu suchen. Das Wahre ist schon längst gefunden und hat den mythischen Menschen fest an sich gebunden.

8. Vgl. Eugen Fink, a.a.O., S. 71 - 72, 78 - 80, 83 - 84, 92 - 93.

Dieser Versuch einer vorsichtigen Besinnung auf die Grundzüge der mythischen Wahrheit zeigt ganz deutlich, daß der Mythos eine große und gewaltige Sinn-Macht ist, daß es sich bei ihm um eine Art von Wahrheit handelt, die wir Heutigen nicht nur nicht mehr unkritisch akzeptieren, sondern tatsächlich nicht mehr adäquat verstehen können, die uns Heutigen als eine verwirrende Täuschung, wenn nicht als eine tragikomische Phantasmagorie des menschlichen Geistes erscheint. Wir können heute nur noch von weit her der Größe und der Kraft des archaischen Frühmenschen gedenken, der unter der Herrschaft der mythischen Bilder und Vorstellungen lebte. Insofern der Mythos ein unendliches Wissen offenbart, innerhalb dessen Horizont das Menschenleben eine himmlische Weihe bekommt, und erst dadurch wertvoll wird, gelebt zu werden, bleibt eine solche Botschaft für uns Heutige unverständlich. Durch seine göttliche Offenbarung vermittelt der Mythos eigentlich kein Wissen, das wir Menschen auf Grund der eigenen Einsicht haben können. In der Tat ist alles mythische Wissen letzten Endes ein felsenfester Glaube an einen letzten Sinnzusammenhang alles Seienden, der unbedingte Unterwerfung fordert. Unser menschliches Wissen ist von anderer Art.[9] Es ist begrenzt, unvollendet und fragmentarisch, das ist ein Wissen, das unsicher, zweideutig und schwankend ist, man kann dieses Wissen jeweils widerrufen, weil es grundsätzlich vorläufig, unvollkommen und unabgeschlossen ist. Aller Gedanke an eine absolute, sinnspendende göttliche Wahrheit ist uns Heutigen fern. Wir sind überzeugt, daß der Mensch nur in einer Welt der offenen geschichtlichen Möglichkeiten wirklich menschlich leben kann, also nur in einer Welt, in der er zu fragen, in der er alles in Frage zu stellen berechtigt ist. In der geschlossenen Welt des Mythos fühlen wir uns äußerst unbehaglich, weil hier alles Zukunftsgeschehen schon seit jeher entschieden ist, weil hier

9. Eugen Fink, a.a.O., S. 82 - 83. Aus einer anderen Sicht, auf die Doppelsinnigkeit der menschlichen Wahrheit verweist Otto Friedrich Bollnow, Das Doppelgesicht der Wahrheit (Stuttgart: W. Kohlhammer, 1975), bes. S. 119 - 121.

alle menschlichen Handlungen und Haltungen in einem letzten Gesamtsinn seit Ewigkeit vorausbestimmt sind.

Der Anspruch des Mythos auf die absolute Wahrheit muß also hier entschieden zurückgewiesen werden. Die Eigentümlichkeit seiner Erhebung gehört einer vergangenen Epoche der Menschengeschichte an. Dieser Anspruch hatte seinen guten Grund, solange die Menschheit im Stadium der dogmatischen Gebundenheit war, solange sie mehr Gewicht auf den Glauben als auf das Denken legte, solange sie mehr Vertrauen in höhere Mächte als in sich selbst einsetzte. Der Anspruch des Mythos auf die absolute Wahrheit scheitert also an der Selbstbesinnung des heutigen Menschen auf die eigene Endlichkeit. Dieser Anspruch beruht auf einer Voraussetzung, die heute unglaubhaft geworden ist, daß die mythische Botschaft durch Mittler der Gottheit geschenkt worden ist, daß sie tatsächlich göttlichen Ursprungs sei. Die Paradoxie der Aufbewahrungsfähigkeit der göttlichen Einsichten in den menschlichen Worten können wir heute nicht mehr aufrechterhalten. Die mythische Offenbarung bleibt für uns Heutige verschlossen, weil wir nicht mehr daran glauben können, daß die Götter wirklich die Bürgen und Zeugen der sinnhaften Welt- und Lebensordnung sind. In einer Zeit, in der das vernünftige, begreifende Denken überhandgenommen hat, in der dieses Denken überall nach Gründen fragt und jede seiner Behauptungen zu begründen sucht, scheint der Traum vom absoluten Wissen, das uns einst der Mythos versprochen hat, unwiederbringlich ausgeträumt zu sein. Heutzutage sind nur noch unechte, verfälschte, entstellte Formen der absoluten Wahrheit im Rahmen moderner politischen Ideologien möglich.

6. AUFKLÄRUNG ALS KRITISCHE INSTANZ GEGEN DEN MYTHOS

Unter „Aufklärung" wird im folgenden nicht eine bestimmte Epoche der Menschengeschichte, d. h. die neuzeitliche Aufklärung als ein historisches Individuum verstanden, sondern die ganze geschichtliche Entwicklung der Menschheit, insofern sie das Ziel verfolgte, den Menschen aus dem Bann des Mythos zu befreien und auf das Denken zu besinnen. In diesem umfassendsten Sinn bedeutet Aufklärung eigentlich nichts mehr und nichts weniger als eine Forderung nach der radikalen Entmythologisierung. Das ist ein Prozeß, der allmählich auf die Zersetzung der mythischen Substanz des menschlichen Lebens hinausläuft, ein Prozeß, in dem der Mythos seine maßgebende Macht über den Menschen fortschreitend einbüßt, ein Prozeß, in dem der Mythos endgültig zum Opfer des kritischen Denkens wird. Die Aufklärung aller Zeiten hat immer wieder mit allen Mitteln der Kritik versucht, die „allwissende Allmacht" des Mythos zu erschüttern, den mythischen Anspruch auf die absolute Wahrheit zu bestreiten, die mythische Heilsbotschaft als menschliche Einbildung zu entlarven. Aus einer ganz bestimmten Perspektive, wird also hier die Aufklärung in erster Linie als die Besinnung auf die menschliche Freiheit aufgefaßt.[1]

Das Programm der Aufklärung war immer und überall im Grunde identisch. Die Aufklärung ist unaufhörlich um die Entzauberung der Welt bemüht, sie huldigt einer Welt ohne dogmatische Gebundenheit, ohne Glauben an ein übermenschliches Wissen, sie baut eine Welt auf, in der einmal jeder „Ausbeutung"

1. Jürgen Mittelstraß, Neuzeit und Aufklärung. Studien zur Entstehung der neuzeitlichen Wissenschaft und Philosophie (Berlin: W. de Gruyter, 1970), S. 1 - 11. Zur Gleichsetzung der Begriffe „Aufklärung" und „Emanzipation" vgl. Harald Holz, Vom Mythos zur Reflexion (Freiburg/München: K. Alber, 1975), S. 24 A. 12, 32,46.

des menschlichen Bewußtseins durch die absolute Wahrheit der Gottheit ein Ende gemacht werden soll. Insofern diese Befreiung des Menschen eine Auflösung der mythischen Bindung des Denkens bedeutet, ist die Aufklärung eine grundsätzlich gegen den Mythos gerichtete Bewegung. Insofern aber diese Befreiung nur als eine menschliche Selbstbefreiungstat stattfindet, ist die Aufklärung eine Bewegung, die im Zeichen des Logos steht, die ausdrücklich an die Kraft des kritischen Denkens mahnt. Als eine auf die endliche menschliche Vernunft appellierende Instanz, weist die Aufklärung den Anspruch des Mythos auf absolute Wahrheit zurück und verdrängt seine sinnfälligen Bilder und Vorstellungen durch abstrakte Begriffe.

Der Kampf der Aufklärung gegen den Mythos hat eine hervorragende Kulturbedeutung. Diese Bedeutung können wir nicht genügend hoch einschätzen. Jedenfalls ist dieser Kampf der Aufklärung gegen den Mythos erheblich tiefer angelegt, als man es auf den ersten Blick einzusehen vermag. In ihrer rücksichtslosen Entgegenstellung zum Mythos kämpft eigentlich die Aufklärung gegen die gesamte bisherige menschliche Lebensweise, gegen die überlieferten Sitten, gegen die starr gewordene Tradition. Die Aufklärung bestreitet alle herkömmlichen Autoritäten, ja sie begegnet ihnen mit einer spöttischen Skepsis. Unter dem Schlag ihrer zersetzenden Kritik verlieren diese Autoritäten ihre Macht über den Menschen. An ihre Stelle rückt die Aufklärung die Autorität der menschlichen Vernunft als die einzig legitime Autorität. Auf Grund der vernünftigen Selbständigkeit glaubt die Aufklärung, das menschliche Weltverhältnis grundsätzlich verändern zu können. Sie radikalisiert den magischen Anspruch, über die Naturkräfte zu gebieten, indem sie die menschliche Herrschaft über die entzauberte Natur wirklich einrichtet.

Der Kampf der Aufklärung gegen den Mythos kommt noch in einer anderen Hinsicht zum Vorschein. Die Aufklärung kämpft gegen den Mythos derart, daß sie die Anstrengung des Begriffs fordert. Als Triebfeder dieses Kampfes dient nämlich das Denken, das sich nur auf sich selbst beruft, das Denken, das nach Gründen fragt und auf Prinzipien zurückgeht. Da das Denken im Mythos nicht auf die Argumentation angelegt ist, sondern vollkommen der Sinnlichkeit untersteht, muß sich die Aufklärung darum bemühen, die methodische Selbständigkeit des Denkens zu sichern. Die Aufklärung gibt sich nicht damit zufrieden, auf die Gefahr der Ausgeburt des Denkens, die im Mythos droht, hinzuweisen, auf die Gefahr der Entartung des Denkens zur bloßen Rhetorik, zur leeren Wortverdrehung, sondern sie formuliert explizit die Verpflichtung, durch Angabe des Grundes Rechenschaft über jede Behauptung, die man vertreten möchte, abzulegen. Das ist eine wesentliche Umwandlung der Vernunft, oder vielmehr ihre Entdeckung. Auf diese Weise hat die Aufklärung den Boden der mythischen Existenz entrückt und das heutige Weltalter gebracht.

Selbstverständlich bedeutet dies nicht, daß wir hier mit allen historischen Rücksichten brechen wollen, daß wir eine ausgesprochen unhistorische Ansicht um jeden Preis vertreten, daß wir eine völlig willkürliche Begriffsbestimmung vorschlagen. Die Hervorhebung gewisser gemeinsamer Grundzüge, welche ganz verschiedene Epochen der Aufklärungsbewegung eng zusammenrücken, soll freilich nicht zu einer Nivelierung aller charakteristischen Unterschiede zwischen diesen Epochen führen. Erst auf Grund einer solchen verallgemeinerten Kennzeichnung gewinnt man tatsächlich die Möglichkeit, den konkreten historischen Ausprägungen der Aufklärung gerecht zu werden, d. h. die Eigenart der sogen. zweiten oder neuzeitlichen Aufklärung in Bezug auf die erste oder griechische Aufklärung zu verstehen. Übrigens hat sich eine solche Betrachtungs- und Ausdrucksweise schon ziemlich fest in der philosophierenden Philosophiegeschichte durchgesetzt, und das bekannte Buch von Max Horkheimer und Theodor W. Adorno „Dialektik der Aufklärung"[2] ist ein lehrreiches Beispiel dafür.

Zum Unterschied zu der neuzeitlichen Aufklärung ist die griechische Aufklärung bekanntlich keine originäre, sondern eine sekundäre Epochenbildung.[3] Sie verdankt ihre Existenz vielmehr

2. Erste Auflage 1947 bei Querido in Amsterdam, Neuausgabe 1969/1971 bei S. Fischer in Frankfurt/Main.

3. Jürgen Mittelstraß, a.a.O., S. 87.

der nachträglichen Klugheit der Historiker als dem eigenen Selbstverständnis ihrer Wortführer. Obwohl sie den Mythos heftig bekämpfte, und insofern auf Kriegsfuß mit der ganzen Tradition stand, hat sich die griechische Aufklärung selbst nicht als einen radikalen Bruch mit der Vergangenheit verstanden, noch hat sie nach einem solchen Bruch überhaupt getrachtet. Diese seltsame Zurückhaltung der griechischen Aufklärung - zum mindesten in dem, was ihre Selbststilisierung anbelangt - soll nicht etwa als ihr Mangel aufgefaßt werden. Allerdings strebte die griechische Aufklärung nach einer anspruchslosen, bescheidenen Gestaltung der vernünftigen Selbständigkeit. Sie kämpfte sowohl gegen den Mythos, der den Menschen in eine völlige Abhängigkeit von den dämonisch aufgefaßten Göttern brachte, als auch gegen den verkehrten sophistischen Logos, der dem Menschen eine absolute Eigenmächtigkeit zuschrieb.[4] Die Tatsache, daß die griechische Aufklärung so tief in der Vergangenheit verwurzelt war, und daß sie so wenig zur Eröffnung des Zukunftshorizontes beigetragen hat, darf uns nicht verführen, sie als eine niedere Stufe der Aufklärung im Vergleich mit der neuzeitlichen Aufklärung zu betrachten. Da die griechische Aufklärung aber überhaupt nicht an eine radikale Weltveränderung, an einen geschichtslosen Neubeginn dachte - dieser ungeheure Pathos der neuzeitlichen Aufklärung war ihr vollkommen fremd - , müssen wir sie jedenfalls als eine besondere Art von Aufklärung bezeichnen.

Diese Auffassung entspricht freilich nicht dem geläufigen Verständnis der griechischen Aufklärung, welches in erster Linie die Bildungsbewegung des 5. Jahrhunderts, insbesondere die von der Sophistik inspirierte, vor Augen hat. Darum brauchen wir uns aber wenig zu kümmern. Denn die schon längst eingebürgerte Rede von der griechischen Aufklärung, die vermutlich auf Hegel zurückläuft und die den Namen „Sophistik“ ganz einfach durch den Namen „Aufklärung“ ersetzt, orientiert sich offensichtlich nach dem, was man gewöhnlich unter der neuzeitlichen Aufklärung versteht, wobei vor allem die scharfe Reli-

4. Vgl. zu diesem Punkt und im folgenden Jürgen Mittelstraß, a.a.O., S. 54 - 58.

gions- und Gesellschaftskritik der letzteren betont wird. Indem wir aber hier nicht nur die Sophistik, sondern auch die Kritik Platons an der Sophistik unter die Bezeichnung „Aufklärung" stellen, so bedeutet dies nicht, daß wir die Unterschiede zwischen ihnen verwischen wollen. Wir versuchen damit nur anzudeuten, daß das Ideal der vernünftigen Selbständigkeit, nach dem sich die griechische Aufklärung sehnte, nicht schon von vorneherein eindeutig festgestellt vorlag, sondern daß es sich auf verschiedenen Wegen und in verschiedenen Richtungen entfaltet hat.

Daß die griechische Aufklärung wesentlich bescheiden in ihren Absichten war, daß sie unermüdlich danach strebte, den vernünftigen Kern der mythischen Überlieferung zu finden, diese Überlieferung umzubilden, umzuprägen, ja umzudeuten, und nicht schlechthin wegzuschaffen, zeigt ganz deutlich Xenophanes, der auch nach der üblichen Auffassung als der Sturmvogel der griechischen Aufklärung[5] gilt. Er hat nämlich die mythische Götterwelt dem Spott ausgesetzt, weil diese Götter so auffällig den Menschen, ihren Erzeugern, in allem Zufälligen und Schlechten ähneln, hat aber nie die Substanz der griechischen Religiösität preisgegeben. Vielmehr war er lebenslang darum bemüht, die Idee des philosophischen Gottes herauszuarbeiten und derart die alten Mächte für ein neues Leben zu befähigen.[6] Das war eigentlich die spezifische Grundposition des aufgeklärten griechischen Menschen überhaupt: sein Denken war grundsätzlich religiös ausgerichtet. Mit aller Kraft des Denkens übte er Kritik an der mythischen Vorstellung von vielen Göttern, und entdeckte dabei den Gott des Philosophen, der die Fülle der zerstückelten Natur in einen Kosmos, in eine einheitliche Ordnung bringt.

Die ausgesprochen religiöse Ausrichtung des griechischen Denkens ist kein zufälliger, sondern ein wesentlicher Grundzug an ihm. Dieses Denken ist seinem Wesen nach theologisch ge-

5. Der Ausdruck „Sturmvogel der Aufklärung" findet sich bei Wilhelm Capelle, Die Vorsokratiker. Fragmente und Quellenberichte (Stuttgart: A. Kröner, 1938), S. 119.

6. Werner Jaeger, The Theology of the Early Greek Philosophers (Oxford: Clarendon, 1948), S. 46 - 51. Vgl. auch Wilhelm Weischedel, Der Gott der Philosophen I (München: Nymphenburger Verlagshandlung, 1972).

artet.[7] Die Suche nach dem göttlichen Weltgrund kennzeichnet seine ganze Geschichte, von den ersten Anfängen bei den Vorsokratikern, bis zu den letzten Ausklängen im Hellenismus. In der Zeit der griechischen Klassik bezeugen dies gleichmäßig sowohl die großen naturphilosophischen Materialisten Leukipp und Demokrit, wie auch die großen metaphysischen Idealisten Platon und Aristoteles. Dieser religiöse Grundzug des griechischen Denkens bewahrt offenkundig eine lebendige Erinnerung an die ursprüngliche Zusammengehörigkeit von Mythos und Logos (trotz aller Unterschiede, die zwischen ihnen schon von vornherein bestehen), ja wir spüren an diesem Grundzug des griechischen Denkens vielleicht am deutlichsten die Herkunft des Logos aus dem Mythos.

Das griechische Denken war nämlich stark vom Seienden als solchem ergriffen, es hat sich immer nach einer vorgegebenen Ordnung der Dinge gerichtet, ja sogar von einer solchen Ordnung grundsätzlich bestimmt und geleitet gewußt. In einer großartigen Naivität, die uns heute fast unverständlich erscheint, glaubte es sich in bewundernder Ehrfurcht vor dem Seienden beugen zu müssen. Seine eigentliche Aufgabe hat dieses Denken darin gesehen, den Zusammenhang der Welt im Hinblick auf den göttlichen Ursprung zu verstehen, weil es ihm als eine Selbstverständlichkeit galt, daß die Ordnung der Dinge und die Ordnung des Denkens unausweichlich zusammenfallen. Das griechische Denken kämpfte unermüdlich gegen den Mythos, insbesondere gegen seine Befangenheit im sinnlich Gegebenen. Aber es kämpfte nicht gegen das rezeptive Verhalten als solches, sondern nur gegen die Alleinherrschaft der sinnlichen Rezeptivität, die im Mythos durchbrach. Trotz all seiner Verselbständigung der Sinnlichkeit gegenüber war das griechische Denken im Grunde auch auf eine schlechthin vorbildliche Ordnung der Dinge angewiesen. Nicht zufällig hat es sich selbst in seinen höchsten Ausprägungen bei Platon

7. Zur Auseinandersetzung mit der hier kurz angedeuteten Auffassung vgl. Hans-Georg Gadamer, „Über das Göttliche im frühen Denken der Griechen", Kleine Schriften III (Tübingen: J.C.B. Mohr/P. Siebeck, 1972), S. 64 - 79.

und Aristoteles als eine Form der Rezeptivität verstanden, und zwar als eine erheblich zuverlässigere Form als diejenige der Sinnlichkeit. Das griechische Denken hat nie Anspruch auf den Vorrang vor dem Seienden erhoben. Im Gegenteil, die maßgebende Initiative hat es immer dem Seienden überlassen. Ihm war es immer nur darum zu tun, auf die Wahrheit des Seienden zu hören, dem Sichöffnen der Dinge zu entsprechen.

Es soll nun an dieser Stelle nicht darauf eingegangen werden, daß das griechische Denken sich reichlich des dichterischen Ausdrucks bediente, und auf diese Weise seine mythische Herkunft aufgedeckt hat. Die Frage nach dem Verhältnis der griechischen Philosophie zur Dichtkunst ist nämlich sehr verwikkelt[8], und es empfiehlt sich, hier jede unnötige Schwierigkeit zu vermeiden. Übrigens ist über die Plastizität und Bildhaftigkeit der platonischen und aristotelischen Grundbegriffe schon längst zureichend gehandelt worden, so daß wir darauf nicht weiter bestehen müssen. Zu unserem Zwecke scheint es aber unumgänglich, unter Berufung auf Gerhard Krüger[9], darauf aufmerksam zu machen, daß das griechische Denken die menschliche Spontaneität unterschätzte, daß es den Grund seiner Möglichkeit außer sich selbst suchte, daß es die Letztbegründung im Seienden, und nicht in der Vernunft gefunden zu haben vermeinte. Dieses Denken hat sich nie in eine hartnäckige Reflexion über sich selbst eingelassen - was in der Neuzeit zu einer zweiten Entdeckung der Vernunft führte - und konnte deshalb den eigentlichen Schritt zum Selbstbewußtsein nicht vollziehen. Die neuzeitliche Konstruktion eines erkenntnistheoretischen Subjekts, das sich einbildet, den einzig verläßlichen Ausgangspunkt in sich selbst gefunden zu haben und aus sich selbst die ganze Weltordnung spontan produzieren zu können, war den Griechen

8. Vgl. hierzu den lehrreichen Aufsatz von Bruno Snell, „Gleichnis, Vergleich, Metapher, Analogie. Der Weg vom mythischen zum logischen Denken", Die Entdeckung des Geistes (Hamburg: Claassen/Goverts, 1946), S. 163 - 198.

9. Grundfragen der Philosophie (Frankfurt/M: V. Klostermann, 1965), S. 104 - 110, 262 - 263.

vollkommen fremd. Ihr Denken hat niemals das Seiende zu einem verfügbaren Objekt gemacht, es hat vielmehr immer einen wohlgeordneten Kosmos vorausgesetzt und den gegebenen Zusammenhang der Dinge anerkannt. Die griechische Metaphysik ist kein apriorischer Weltentwurf, den die Vernunft erdichtet hat, sondern eine eigentümliche geistig-sinnliche Erfahrung, in der sich das Grundgefüge des Seienden selbst widerspiegelt.

Die neuzeitliche Aufklärung stand von Anfang an in schroffem Gegensatz zur griechischen Aufklärung, da sie die menschliche Spontaneität anstelle der Rezeptivität in den Vordergrund rückte und nach einem klaren methodischen Aufbau der menschlichen Herrschaft über die Natur trachtete: sie hat sich selbst nicht nur als einen Bruch mit der Tradition, sondern auch als einen Neubeginn der wahren Menschengeschichte angesehen. Man kann ohne Übertreibung sagen, daß die neuzeitliche Aufklärung im Zeichen der Radikalität entstanden ist und daß sie in diesem Zeichen auch gesiegt hat. Nie vorher wurde die Forderung nach der vernünftigen Selbständigkeit so offen und rücksichtslos aufgestellt, und nie nachher ist eine solche Forderung in einer solchen Schroffheit wieder formuliert worden. Das neuzeitliche Denken darf nicht etwa als eine höhere Stufe im Vergleich mit dem griechischen Denken[10] betrachtet werden - weil auch dieses letztere in vielem zur methodischen Disziplinierung der Vernunft beigetragen hat, obwohl es sich nicht als der Herr des Seienden aufzudrängen wußte - aber es ist jedenfalls ein Denken von ganz besonderer Art. Dieses Denken hat sich vom Mythos vollkommen losgelöst, ja es hat alle Religiösität hinter sich gelassen, indem es eine ungeheure Distanz zur Welt gewonnen und jede Bindung an das Seiende gebrochen hat.

Ohne Zweifel hat schon die griechische Aufklärung Anspruch auf die methodische Disziplinierung des Denkens entschieden erhoben und die Notwendigkeit einer Begründung jeder vorgelegten Behauptung klar eingesehen. An einer wohlbekannten Stelle des großartigen philosophischen Lehrgedichts des Parme-

10. Jürgen Mittelstraß, a.a.O., S. 60

nides (7,5 Diels) wird schon im frühen Griechentum die Anstrengung des Begriffs gefordert: *krinai de logoi*, d.h. entscheide durch Vernunft, ruft dort die Göttin den Menschen zu. Und bei Platon finden wir an zahlreichen Stellen in seinen Dialogen den Grundsatz *logon didonai* explizit formuliert (z.B. Lach. 187 c, Prot. 336 c, Theait. 177 b), und zwar in solchen Zusammenhängen, die unverkennbar ersehen lassen, daß der Begründer der abendländischen philosophischen Tradition die volle Bedeutung und Tragweite dieses Grundsatzes richtig eingeschätzt hat. Seiner Meinung nach kann nämlich nur durch Angabe von Gründen die gemeinsame dialogische Bemühung zu einer wirklichen Klärung dessen, was in Frage steht, geführt werden. Diesen Versuch Platons, ein begründendes Argumentieren zu ermöglichen, hat endlich Aristoteles in seiner Syllogistik weiterentwickelt, und damit die methodische Sicherheit des wissenschaftlichen Denkens innerhalb der antiken Welt auf die Schlußformel gebracht. Aber erst in der neuzeitlichen Aufklärung ist diese „Verpflichtung zur Begründung" (wie sich Jürgen Mittelstraß ausdrückte)[11] eine programmatische Zielscheibe der Gesamtbewegung geworden. Und was nicht minder wichtig ist: erst in der neuzeitlichen Wissenschaft wurde diese Forderung nach der Zustellung von Gründen hauptsächlich in formal-technischem Sinne aufgefaßt, so daß von nun an als Grund nur das gilt, was auf dem Weg einer streng mathematischen Beweisführung erbracht werden kann.

Die Grundintentionen der neuzeitlichen Aufklärung hat vielleicht kein anderer so schlicht und zutreffend zum Ausdruck gebracht wie Kant, als er in seiner berühmten Schrift „Beantwortung der Frage: was ist Aufklärung?" sagte: „Aufklärung ist der Ausgang des Menschen aus seiner selbst verschuldeten Unmündigkeit. Unmündigkeit ist das Unvermögen, sich seines Verstandes ohne Leitung eines anderen zu bedienen. Selbstverschuldet ist diese Unmündigkeit, wenn die Ursache derselben nicht am Mangel des Verstandes, sondern der Entschließung und des Mutes liegt, sich seiner ohne Leitung eines anderen zu bedie-

11. a.a.O., S. 113.

nen".[12] Und dazu ergänzend in der Schrift „Was heißt: sich im Denken orientieren?": „Der Entschluß, sich seiner eigenen Vernunft zu bedienen, besagt nichts weiter, als bei allem dem, was man annehmen soll, sich selbst zu fragen: ob man es wohl tunlich finde, den Grund, warum man etwas annimmt, oder auch die Regel, die aus dem, was man annimmt, folgt, zum allgemeinen Grundsatze seines Vernunftgebrauchs zu machen".[13] In Wirklichkeit ist die neuzeitliche Aufklärung als eine historische Erscheinung erst in diesen Kantischen Definitionen zum vollen Selbstbewußtsein ihrer eigenen Aufgabe gekommen. Denn indem Kant den Schwerpunkt auf die begriffliche Arbeit legte, und ja ausdrücklich versicherte, „die Maxime, jederzeit selbst zu denken, ist die Aufklärung",[14] so hat er damit die in der neuzeitlichen Aufklärung häufig vorkommende Überzeugung, daß die Aufklärung hauptsächlich auf die Erwerbung eines enzyklopädischen Wissens hinzielt, gründlich korrigiert. Die von Kant vorgelegten Definitionen lassen nämlich keinen Zweifel darüber hegen, daß die Aufklärung nicht im Besitz irgendwelcher inhaltlicher Kenntnisse, sondern vor allem und über alles in der Redlichkeit der Begründungsbemühung [15] besteht.

Tatsächlich hat Kant nachträglich eine folgenschwere Einschränkung eingeführt, die kaum dem Geiste der Aufklärung gerecht wird, und die uns heute durchaus unakzeptabel erscheint. Seiner Meinung nach setzt Aufklärung die Freiheit voraus, „von seiner Vernunft in allen Stücken öffentlichen Gebrauch zu machen",[16] wobei unter dem öffentlichen Gebrauch derjenige verstanden wird, „den jemand als Gelehrter von ihr vor dem ganzen Publikum der Leserwelt macht"[17]. Dieser Gebrauch muß uneingeschränkt gewährleistet werden, dagegen darf aber der „Privatgebrauch" der Vernunft, worunter Kant den Vernunft-

12. Kants gesammelte Schriften VIII (Akademie-Ausgabe) (Berlin: W. de Gruyter, 1912), S. 33.
13. a.a.O., S. 146 A.
14. a.a.O., S. 146 A.
15. So Jürgen Mittelstraß, a.a.O., S. 118.
16. a.a.O., S. 37.
17. a.a.O., S. 37.

gebrauch in einem „bürgerlichen Posten, oder Amte" versteht, sehr wohl eingeschränkt werden - die militärischen und kirchlichen „Vorgesetzten" z. B. können nicht in Frage gestellt werden, hier sei es „nicht erlaubt, zu räsonnieren"[18]. Durch die eingeführte Einschränkung, meinte Kant, wird das Auftreten anarchistischer Bestrebungen verhindert werden. Als ein ergebener preußischer Bürger hat er sich wenig darum gekümmert, daß auf diese Weise die bestehende Staats- und Gesellschaftsordnung vollkommen der rationalen Kritik entzogen worden ist.

In unserem Zusammenhang ist es freilich weder angebracht noch erforderlich, die eigenartige Position, die Kant innerhalb der neuzeitlichen Aufklärung einnimmt, weiter zu erörtern. Und nicht einmal ist es notwendig, das neuzeitliche Denken im einzelnen zu analysieren, oder über die mannigfaltigen Züge, die die neuzeitliche Aufklärung als ein historisches Individuum kennzeichnen, ausführlich zu berichten. Das würde uns weit von unserem Thema entfernen. Schon ein Versuch an den Fortschrittsglauben, der zur Neuzeit unumgänglich gehört, Überlegungen anzuknüpfen, könnte uns in Verlegenheit bringen. Um von den anderen, nicht minder wichtigen Fragen, die sich auf die transzendentale Subjektivität, auf die Formalisierung der Sprache, oder auf den physikalischen Atomismus beziehen, ganz zu schweigen!

Hier genügt es, nur noch einmal darauf nachdrücklich hinzuweisen, daß die neuzeitliche Aufklärung die mythische Welt in Scherben zerschlagen hat, daß sie dem Sakralen als solchem den Boden entzogen hat, daß sie zur Säkularisierung des Lebens in solchem Maße beigetragen hat, das als äußerste Grenze der Entmythologisierung, ja als vollkommene Irreligiösität bezeichnet werden muß. Innerhalb der menschlichen, vielleicht sogar allzumenschlichen Weltordnung, die die neuzeitliche Aufklärung als Zukunftshorizont eröffnet hat, gibt es keinen Platz mehr für irgendwelche übermenschliche Rechtfertigung, für irgendwelche übermenschliche Sinnerhellung des Daseins. Der aufgeklärte Mensch hat sich aller göttlichen Vormundschaft befreit, er hat radikal mit aller mythischen Gebundenheit abgebrochen. Vielmehr

18. a.a.O., S. 37

hat er schließlich seine Endlichkeit begriffen, hat gelernt, seine Endlichkeit nicht mehr als einen Makel, sondern als eine Würde zu nehmen[19]. Insofern kann man sagen, daß die neuzeitliche Aufklärung wirklich ein Ende der bisherigen, wenn schon nicht den Anfang der künftigen Menschengeschichte bedeutet.

Die Frage nach dem Sinn unserer vom aufklärerischen Geist so tief durchdrungenen Gegenwart bleibt freilich offen. Die Entscheidung dieser Frage hängt nicht zuletzt davon ab, ob das Denken noch fähig sein wird, in einer Rückbesinnung auf die eigene Geschichte, einen anderen Weg einzuschlagen. Denn die Aufklärung ist, nach einer treffenden Bemerkung, die Hegel in der *Phänomenologie des Geistes* gemacht hat, „wenig über sich selbst aufgeklärt“[20]. Sie muß aber ihr rein negatives Verhältnis zum Mythos überwinden, d. h. sie muß damit aufhören, die mythischen Bilder und Vorstellungen als etwas dem Bewußtsein absolut Fremdes und Anderes, und doch als das Eigenste dieses Bewußtseins anzusehen und auszulegen.

19. Vgl. Eugen Fink, Erziehungswissenschaft und Lebenslehre (Freiburg: Rombach, 1970), S. 144.

20. Phänomenologie des Geistes (J. Hoffmeister) (Hamburg: F. Meiner, 1952), S. 401.

7. DIE REDUKTION DES MYTHOS DURCH FEUERBACH

Mag man noch so hoch die Verdienste einschätzen, die die Aufklärung im Kampf gegen den Mythos erworben hat, und mögen diese Verdienste sogar noch viel größer sein, als man glaubt, sie anerkennen zu müssen, es bleibt doch unbestritten, daß selbst die neuzeitliche Aufklärung in ihrem Grundanliegen schwankte, so daß sie die Entmythologisierungsaufgabe nicht schlechthin geradlinig und eindeutig durchführen konnte. Obwohl die neuzeitliche Aufklärung unvergleichlich radikaler gegen den Mythos kämpfte als die griechische Aufklärung - was schon daraus ersichtlich ist, daß einige ihrer Wortführer die christliche Offenbarungstheologie mit aller Entschiedenheit ablehnten -, war es allerdings auch dieser Epoche der Aufklärung nicht gegeben, die kritische Stellungnahme zum Mythos fortschreitend zu entwickeln, geschweige denn vor jeder Vereinfachung zu bewahren. Es fehlte der aufklärerischen Bewegung manchmal nicht nur die Geisteskraft, die aufgenommene Aufgabe sachkundig weiterzuführen, sondern es wußten auch die hervorragendsten Vertreter dieser Bewegung zuweilen nicht, die Leitgedanken ihrer eigenen Zersetzungstätigkeit wirklich zu begründen. Gewiß ist das kein Zufall, daß die entscheidenden Argumente gegen den Mythos relativ sehr spät vorgebracht wurden, und zwar nicht sowohl direkt, im Rahmen einer wissenschaftlichen Erforschung der mythischen Überlieferung der Vorzeit, als auch indirekt, im Rahmen einer kritischen Auseinandersetzung mit Hegel, besonders mit seiner Aufhebung der Religion in der Philosophie.

Selbstverständlich kann hier weder über den grandiosen Versuch Hegels, das Christentum philosophisch zu rechtfertigen, noch über die vielfältigen Bemühungen der Junghegelianer, das philosophische System des Meisters kritisch zu überwinden, näher berichtet werden. Auf diesen größeren Zusammenhang, in dem unser Thema steht, ist es unter den auferlegten Einschränkungen dieser Vorlesung bei weitem nicht möglich einzugehen.

Nicht nur, weil ein solches Vorgehen den äußeren Gang, sondern vor allem weil es das innere Maß unserer Darstellung gefährden würde. Es wäre übrigens absurd, und nicht nur übertrieben, die ganze Hegel-Problematik in einer knappen Kollegstunde behandeln zu wollen. Als ob nicht im voraus ganz klar wäre, daß die Auslegung der Hegelschen Philosophie äußerst schwierig ist, und daß besonders die Auslegung der Hegelschen Einbeziehung des Glaubens in die Philosophie, d. h. seine Vermittlung der Philosophie mit der Religion auf ein weites Feld führt, wo man leicht den festen Boden unter den Füßen verlieren kann.

An diesem Ort scheint es doch unumgänglich, eine allgemeine Bemerkung vorauszuschicken. Um einen ersten Zugang zu Feuerbachs Religionskritik zu verschaffen, müssen wir nämlich auf den Gottesbegriff der frühen neuzeitlichen Metaphysik hinweisen, der sich durch die Verinnerlichung der religiösen Wahrheit grundsätzlich vom mittelalterlich-scholastischen Gottesbegriff unterscheidet.[1] Dieser Hinweis scheint dringend notwendig, besonders mit Hinblick darauf, daß sowohl Hegel, als auch seine Schüler und Nachfolger, die sich selbst für die „letzten Philosophen" ausgaben, an diesen Begriff angeknüpft haben, wenn schon nicht durch ihn weitgehend motiviert sind. Das Entscheidende an diesem Begriff, der zum mindesten die protestantische Reform andeutet, wenn schon nicht in die Geschichte des Protestantismus gehört, liegt bekanntlich darin, daß Gott nicht mehr als dinghafte Substanz, wie in der Scholastik, sondern als rein nichtseiende Subjektivität bestimmt ist, d. h. als unendlicher Geist, der in unaufhörlichem Bezug zum Menschen steht, und der doch den unaufhebbaren Wesensgrund der menschlichen Existenz ausmacht. Die anthropologische Reduktion der Religion durch Feuerbach fußt auf diesem Gottesbegriff, ja sie zieht nur die letzte Konsequenz aus diesem Begriff: ein völlig entsubstantialisierter Gott mußte letzten Endes auf den Menschen zurückgeführt, d. h. als eine Projektion des endlichen menschlichen

1. Vgl. neuerdings zur Sache: Walter Schulz, Der Gott der neuzeitlichen Metaphysik (Pfullingen: G. Neske, 1974), S. 13, 19.

Geistes aufgefaßt werden.[2]

Die Tatsache, daß die Religionskritik Feuerbachs sich vor dem Hintergrund der spekulativen Ausprägung der natürlich-naiven Theologie in der Philosophie des deutschen Idealismus ereignet hat, verpflichtet uns freilich nicht, eine gründliche Voruntersuchung in dieser anderen Richtung zu unternehmen. Schon ein flüchtiger Hinweis genügt, um einzusehen, daß sowohl die Art als auch die Tragweite der Feuerbachschen Argumentation tief in der Tradition des metaphysischen Denkens verwurzelt sind. Übrigens war sich Feuerbach selbst völlig im klaren darüber, daß seine „Befreiungstat" gerade durch Hegel vorbereitet wurde. Darin war er ganz im Recht, da Hegels Erhebung der christlichen Religion aus der Form des Gefühls und der Vorstellung in die Form des Begriffs wirklich in der Zweideutigkeit schwebte, nicht nur eine Rechtfertigung, sondern auch eine Kritik darzubieten. In der Tat hat Feuerbach seine eigene philosophische Grundposition richtig eingeschätzt und nicht nur sorgfältig entwickelt. Er hat sich nicht eingebildet, aus dem Nichts schaffen zu können, obwohl er von der Überzeugung getragen wurde, etwas grundsätzlich Neues geschaffen zu haben. Seine „menschliche Philosophie des Menschen" hat er nicht als eine unvermittelte Entdeckung eines unbekannten Landes reklamiert, sondern als eine „Versinnlichung", „Verwirklichung" oder „Verweltlichung" der „absoluten Philosophie des Geistes" aufgestellt.[3]

Um zu unserem eigentlichen Thema überzugehen, und nicht nur um einen solchen Übergang möglichst gut vorzubereiten, müssen wir uns zuerst auf die Situation der christlichen Religion in der ersten Hälfte des 19. Jahrhunderts besinnen. Tatsächlich nicht auf diese Situation im allgemeinen, sondern nur auf die Art und Weise, in der ihr Feuerbach begegnet ist. Wie leicht zu entnehmen ist, besonders aus dem programmatischen Aufsatz *Die*

2. Walter Schulz, a.a.O., S. 95 - 96. Über das Verhältnis Feuerbachs zu Hegel vgl. auch Karl Löwith, Von Hegel zu Nietzsche. Der revolutionäre Bruch im Denken des 19. Jahrhunderts. Marx und Kierkegaard (Stuttgart: W. Kohlhammer, 1964), S. 84 - 96, 333 - 335, 358 - 365.

3. Vgl. dazu Karl Löwith, a.a.O., S. 85.

Notwendigkeit einer Veränderung von 1842, hat Feuerbach „die historische Auflösung" der christlichen Religion zum Ausgangspunkt seiner Kritik genommen.[4] Für ihn stand bereits fest, daß es kein Christentum mehr gibt, daß das Christentum nur noch dem Namen nach existiert, weil seine Botschaft sämtlichen Interessen der modernen Welt widerspricht. Feuerbachs Worten zufolge hat der moderne Mensch keine Religion mehr: „Das Christentum ist negiert - negiert selbst von denen, die es doch festhalten - negiert; aber man will es nicht laut werden lassen, daß es negiert ist; man gesteht es sich aus Politik nicht ein, man macht sich ein Geheimnis daraus; man täuscht sich absichtlich und unabsichtlich darüber - ja man gibt die Negation des Christentums für das Christentum aus".[5] Und weiter: „Das Christentum entspricht weder mehr dem theoretischen, noch dem praktischen Menschen. Es befriedigt nicht mehr den Geist, aber auch nicht mehr das Herz, weil wir anderes Interesse auf unserem Herzen haben, als die ewige, himmlische Seligkeit".[6] Und noch: „Das Christentum ist negiert - negiert im Geiste und im Herzen, in der Wissenschaft und im Leben, in der Kunst und in der Industrie, und negiert gründlich, rettungslos, unwiderruflich, weil die Menschen das Wahre, das positiv Menschliche, das Antiheilige in sich sich angeeignet haben, so daß dem Christentum alle Oppositionskraft genommen ist".[7] Und zuletzt: „An die Stelle des Glaubens ist der Unglaube getreten, an die Stelle der Bibel die Vernunft, an die Stelle der Religion und Kirche die Politik, an die Stelle des Himmels die Erde, des Gebetes die Arbeit, der Hölle die materielle Not, an die Stelle des Christen der Mensch".[8]

Dieser Gegensatz zwischen Glaube und Leben, zwischen Religion und Welt, vor dem Hintergrund des Verfalls des Christen-

4. Der Aufsatz wird hier nach der musterhaften kritischen Ausgabe von Carlo Ascheri zitiert. Vgl. sein Buch Feuerbachs Bruch mit der Spekulation. Einleitung zur kritischen Ausgabe von Feuerbach: Notwendigkeit einer Veränderung (1842) (Frankfurt/M: Europäische Verlagsanstalt, 1969).

5. a.a.O., S. 146.

6. a.a.O., S 148.

7. a.a.O., S. 149.

8. a.a.O., S. 150 - 151.

tums, tritt auch in der Schrift *Philosophie und Christentum* von 1839, stark hervor. Auf diese Schrift verwies Feuerbach selbst in der Vorrede zur zweiten Auflage vom *Wesen des Christentums*, an einer bekannten Stelle, ganz gegen Ende, wo es heißt, daß das Christentum, aus dem alltäglichen Leben der Menschen, reduziert auf den Sonntag, verschwunden ist, weil es nichts mehr als ,,eine fixe Idee" ist, ,,welche mit unseren Feuer- und Lebensversicherungsanstalten, unseren Eisenbahn- und Dampfwägen, unseren Pinakotheken und Glyptotheken, unseren Kriegs- und Gewerbeschulen, unseren Theatern und Naturalienkabinette im schreiendsten Widerspruch steht".[9] Offenkundig teilte Feuerbach dieselbe kritische Ansicht von der historischen Überholtheit der christlichen Religion mit vielen anderen Junghegelianern.

Freilich hat Feuerbach diesen Widerspruch des Christentums zu den sämtlichen Tatbeständen der modernen Welt nicht alarmierend empfunden. Zum mindesten hat dieser Widerspruch für ihn keine erregende Bedeutung gehabt. Die historische Auflösung der christlichen Religion hat Feuerbach ganz einfach als eine vollendete Tatsache angenommen, um daraus sofort auf die Notwendigkeit jener anthropologischen Reduktion zu schließen. Im Unterschied zur Religionskritik von David Friedrich Strauß, die in der Behauptung gipfelte, die christlichen Glaubenslehren seien keine geschichtlichen Wahrheiten, sondern frei geschaffene Mythen, d. h. Schöpfungen der unbewußt schaffenden Phantasie der gläubigen Gemeinde, ist Feuerbachs Religionskritik wesentlich anders ausgerichtet.[10] Sie zielt nicht darauf hin, die christliche Religion zu destruieren, d. h. ihren Wahrheitsanspruch zurückzuweisen, sondern stellt vielmehr einen Versuch dar, das theologische Wesen der christlichen Religion in das natürliche Wesen des Menschen aufzuheben, d. h. das Wesentliche am Christentum in der Form einer Anthropologie zu erhalten.

Ihrer Grundausrichtung nach ist Feuerbachs Religionskritik durchaus harmlos, um nicht zu sagen ungefährlich. Sie ist

9. Erläuterungen und Ergänzungen zum Wesen des Christentums, Sämtliche Werke VII (W. Bolin / Fr. Jodl) (Stuttgart: F. Fromman, 1903), S. 294.

10. Vgl. im folgenden Karl Löwith, a.a.O., S. 358 - 359, 361 - 362.

alles andere eher als ein unversöhnlicher Angriff auf die Religion als solche. Vielmehr beruht sie auf dem Glauben an den inhaltlichen Wahrheitskern aller Religion, wenigstens des Christentums. Ihre Schärfe richtet sich nur gegen die Form der Religion, d. h. gegen die Transzendenz der religiösen Welt, und zwar gerade um ihre inhaltliche Wahrheit zur Geltung zu bringen. Wenn man so sagen darf: Feuerbach hat nach einer Begründung, nicht die Abschaffung der Religion gesucht. Sein ganzes Bestreben ging dahin, die Religion zur Sache der Menschheit zu machen, d. h. die religiöse Welt aus ihrer theologischen Verkehrtheit in ihre menschlich-irdische oder sinnlich-natürliche Grundlage einzustellen. Nicht nur, daß Feuerbach kein Widersacher der Religion war, der nur daran denkt, das religiöse Gefühl zu verneinen, sondern er war vielmehr ein leidenschaftlicher Befürworter der Religion, da er eine neue Form derselben, die allein der Zeit angemessen sein sollte, aufzurichten bestrebte.

Der berühmte Grundsatz von Feuerbachs Religionskritik lautet: „Das Geheimnis der Theologie ist die Anthropologie“.[11] Dieser Grundsatz bringt das Reduktionsmotiv ganz deutlich zum Ausdruck. Er besagt, daß die Religion keinen besonderen und eigenen Inhalt hat, der sich vom Menschen trennen läßt, da sie in Wirklichkeit nichts anderes als das Wesen des Menschen offenbart und ausdrückt. Daß dieser Grundsatz, dessen befreiende Wirkung der junge Marx so enthusiastisch begrüßte,[12] sehr angemessen über die ganze Geschichte der Aufklärung als ihr Motto stehen könnte, liegt auf der Hand, obwohl Feuerbach freilich nichts davon wissen wollte. Er hat sich nur als ein kritisch eingestellter Protestant verstanden,[13] der seinen Anfang von Hegel nimmt. Jedenfalls fällt aber Feuerbachs Religionskritik auch in die Geschichte der Aufklärung, und nicht nur in die Geschichte des Protestantismus. Gemäß dem allgemeinen Grundsatz von

11. Das Wesen des Christentums, Sämtliche Werke VI (W. Bolin/Fr. Jodl) (Stuttgart: F. Frommann, 1903), S. 325.

12. Vgl. dazu den Bericht von Engels in seiner Feuerbach-Schrift, MEW 21 (Berlin: Dietz, 1962), S. 272.

13. Vgl. Karl Löwith, a.a.O., S. 364 - 365.

Feuerbachs Kritik ist die Religion ihrem Wesen nach nur eine Vergegenständlichung ursprünglicher Wesensbedürfnisse des Menschen, nur eine Objektivierung des unbeschränkten menschlichen Selbstgefühls. In der Religion entäussert der Mensch sein eigenes Wesen, verlegt es außer sich, als etwas anderes. Und durch die unwiderstehliche Macht seiner Einbildungskraft läßt der Mensch diesen vergötterten Gegenstand, den er nicht als sein Wesen erkennt, auf sich wirken. In der Tat ist der Gott des Menschen nichts anderes als das vergötterte Wesen des Menschen. Die Erkenntnis Gottes ist die Selbsterkenntnis des Menschen, aber keine offene, sondern eine verborgene. Der religiöse Mensch weiß noch nicht, daß er sich zu sich selbst verhält, wenn er den Gott anbetet. Auf dem Weg des Menschen zu sich selbst ist die Religion ein Umweg, jedenfalls ein unvermeidlicher.

Nach Feuerbachs Ansicht sind alle Prädikate, die Gott als Gott realisieren, d. h. zu einem wirklichen Wesen machen, natürliche, menschliche Eigenschaften. Sie sind erst mit dem Menschen gesetzt und bestehen nicht außerhalb seiner selbst. Macht, Weisheit, Güte, Liebe, selbst Unendlichkeit und Persönlichkeit - all das gibt es nur in Bezug auf den Menschen, der Mensch ist das Subjekt aller dieser Prädikate. In seinem Hauptwerk *Das Wesen des Christentums* schreibt Feuerbach, daß menschliche Eigenschaften alle Bestimmungen Gottes vermitteln, weil der Mensch nicht über sein wahres Wesen hinaus kann: „Wohl mag er sich vermittels der Phantasie Individuen anderer, angeblich höherer Art vorstellen, aber von seiner Gattung, seinem Wesen kann er nimmermehr abstrahieren; die Wesensbestimmungen, die er diesen anderen Individuen gibt, sind immer aus seinem eigenen Wesen geschöpfte Bestimmungen - Bestimmungen, in denen er in Wahrheit nur sich selbst abbildet und vergegenständlicht".[14] Allerdings zielte Feuerbach dabei nicht auf die zufälligen Eigenschaften des menschlichen Individuums, sondern auf den Inbegriff gemeinschaftlicher menschlicher Eigenschaften, die auf den höchsten Grad gesteigert sind: „Das göttliche Wesen ist nichts anderes als das menschliche Wesen oder

14. SW VI, S. 14.

besser: das Wesen des Menschen, abgesondert von den Schranken des individuellen, d. h. wirklichen, leiblichen Menschen, vergegenständlicht, d. h. angeschaut und verehrt als ein anderes, von ihm unterschiedenes, eigenes Wesen - alle Bestimmungen des göttlichen Wesens sind darum Bestimmungen des menschlichen Wesens".[15] Letzten Endes fällt der Gottesbegriff mit dem Begriff der Menschengattung oder der Menschheit in eins zusammen: „Alle göttlichen Bestimmungen, alle Bestimmungen, die Gott zu Gott machen, sind Gattungsbestimmungen - Bestimmungen, die in dem Einzelnen, dem Individuum beschränkt sind, aber deren Schranken in dem Wesen der Gattung und selbst in ihrer Existenz - inwiefern sie nur in allen Menschen zusammengenommen ihre entsprechende Existenz hat - aufgehoben sind."[16]

Wie man sieht, hat Feuerbach eigentlich nur vom Subjekt der religiösen Prädikate, Gott, abstrahiert, während er die Prädikate selbst unangefochten bestehen ließ. Insofern ist seine Religionskritik wirklich auf halbem Wege stehengeblieben. Dies hat schon Stirner klar eingesehen und Feuerbach als einen „frommen Atheisten" gestempelt, der nach dem gesamten Inhalt des Christentums gegriffen hat, nicht um ihn wegzuwerfen, sondern um ihn zu verewigen.[17] Der glühende Verfechter der „religiösen Anthropologie" hat sich freilich durch diesen Vorwurf nicht getroffen gefühlt. In einer energischen Erwiderung machte er darauf aufmerksam, daß auch bei Stirner Reste des Christentums zu finden sind, da das Nichts, auf das Stirner ausdrücklich seine Sache gestellt hat, noch ein Prädikat Gottes ist![18] Vielmehr stellte Feuerbach fest, daß alle Prädikate des Gottesbegriffs eine eigene, selbständige Bedeutung haben und daß es ihm allein darauf ankommt. Wenn die religiösen Prädikate aus Gott in den Menschen versetzt sind, dann verlieren sie den Charakter der Einbildung, der ihnen in der Abstraktion, d. h. in der Ent-

15. SW VI, S. 17.
16. SW VI, S. 183 - 184.
17. Max Stirner, Der Einzige und sein Eigentum (Leipzig: Reclam, o.J.), S. 206. Vgl. auch S. 42 - 44, 71 - 73.
18. Vgl. dazu SW VII, S. 295.

fernung vom Menschen zukommt. Durch diese Versetzung aus dem mystischen Dunkel des religiösen Gemüts in das helle Tageslicht des menschlichen Bewußtseins werden diese Prädikate in ihrer ursprünglichen, sinnlich-natürlichen Wirklichkeit bestätigt, ja sie werden unmittelbar und unzweideutig als wahr erwiesen.

Die ganze bisherige Geschichte der Menschheit, sofern in ihr das wahre, d. h. anthropologische Wesen der Religion im Schatten des unwahren, d. h. theologischen Wesens derselben stand, betrachtet Feuerbach als eine Geschichte der Ungereiftheit, der Unerwachsenheit, der Unmündigkeit des Menschen. In einem gewissen Sinne betrachtet er diese theologisch bestimmte Geschichte als eine menschliche Krankheitsgeschichte.[19] Das Fragwürdige an dieser Geschichte zeigt sich vor allem darin, daß das Wesen des Menschen als etwas transzendentes, vom Menschen getrenntes verstanden werden konnte, daß der Mensch sich selbst vortäuschen vermochte, wahre Befriedigung in einer illusionären Selbstverdoppelung seiner Natur suchen zu sollen. Aus der Perspektive, die Feuerbach eröffnet hat, erscheint es unnatürlich, ja sogar naturwidrig, daß der Mensch in Gott all das bejaht, was er an sich selbst verneint hat. Dieser pathologische Zustand, in dem der Mensch sein eigenes Wesen fälschlich hypostasiert, muß überwunden werden. Nun glaubt Feuerbach unerschütterlich, daß die Zeit gekommen ist, durch Rückbildung der Theologie in Anthropologie, die Geschichte der Menschheit umzudrehen, d. h. in die richtige Bahn zu lenken. Und sein eigenes Werk begreift er als den wirklichen Anfang eines solchen Umdrehungsprozesses.

Man muß sich klar darüber sein, daß Feuerbachs Auflösung der Theologie in Anthropologie, welche schon mehrmals als notwendige Folge der protestantischen Vermenschlichung Gottes gezeichnet wurde, keineswegs auf die schlichte Verneinung der Religion hinauskommt. Sein programmatisches Hauptanliegen hat vielmehr Feuerbach hauptsächlich als die Verwirklichung der Religion verstanden. In der Tat befindet sich der Mensch, der sein

19. SW VI, S. 107. Vgl. zur Stelle Hans Barth, Wahrheit und Ideologie Zürich: E. Rentsch, 1961), S. 84 - 85.

Wesen aus der Entfremdung im Jenseits in die sinnlich-natürliche Wirklichkeit zurückgebracht hat, erst in der Lage, wahrhaft religiös zu leben. Denn nur ein von der illusionären Befriedigung befreiter Mensch kann die Realität des Mitmenschen anerkennen und die Wahrheit des gemeinsamen Lebens erfahren. Oder richtiger: erst nachdem die Philosophie den „Enttäuschungsakt"[20] vollzogen hat, wird einleuchtend, daß menschliche Vollkommenheit nur in der Gemeinschaft, in der Verbindung, in der Einheit des Menschen mit dem Menschen möglich ist, daß die Mitmenschlichkeit in ihren beiden Grunddimensionen, Erotik und Politik, die unumgängliche Voraussetzung der menschlichen Selbstverwirklichung ausmacht.[21] Und der Gedanke von der Notwendigkeit des Du für das Ich ist letzten Endes die verborgene Wahrheit aller Religion. In seinem Werk *Das Wesen des Christentums* erklärt Feuerbach: „Ist das Wesen des Menschen das höchste Wesen des Menschen, so muß auch praktisch das höchste und erste Gesetz die Liebe des Menschen zum Menschen sein. *Homo homini Deus est* - dies ist der oberste praktische Grundsatz - dies der Wendepunkt der Weltgeschichte. Die Verhältnisse des Kindes zu den Eltern, des Gatten zum Gatten, des Bruders zum Bruder, des Freundes zum Freunde, überhaupt des Menschen zum Menschen, kurz, die moralischen Verhältnisse sind an und für sich selbst wahrhaft religiöse Verhältnisse."[22] An die Stelle des Gottesglaubens und der Gottesliebe hat also Feuerbach den Glauben an den Menschen und die Menschenliebe als die einzige und wahre Religion gesetzt.[23]

Die anthropologische Reduktion der Theologie durch Feuerbach hat sich geschichtlich als folgenreich erwiesen. In ihrem Zeichen hat sich im Laufe des 19. und 20. Jahrhunderts nicht nur eine

20. Der Ausdruck „Selbstenttäuschung" kommt vor im Vorwort zur zweiten Auflage von Das Wesen des Christentums, SW VII, S. 290.

21. So Heinrich Beck, „Weltvernunft und Sinnlichkeit, Hegel und Feuerbach in Bamberg", Zeitschrift für philosophische Forschung, 29/3 (1975), S. 422 - 423. Vgl. auch Alfred Schmidt, Emanzipatorische Sinnlichkeit: Ludwig Feuerbachs anthropologischer Materialismus (München: Hanser, 1973).

22. SW VI, S. 326.

23. Vorlesungen über das Wesen der Religion, Sämtliche Werke VIII (W. Bolin/Fr.Jodl) (Stuttgart: F.Frommann, 1908), S. 359 - 360).

besondere geistige Atmosphäre gebildet, die das selbstverständliche Lebenselement der fortgeschrittensten Kreise geworden ist, sondern wurden auch die entscheidenden politischen Kämpfe um die menschliche Emanzipation geführt. Ja, diese Reduktion ist in unseren Tagen „schlechthin zum Standpunkt der Zeit geworden", wie es Karl Löwith formuliert hat, „auf dem wir nun alle - bewußt oder unbewußt - stehen."[24] Merkwürdigerweise stand Feuerbach schon bei seinen Zeitgenossen in hohem Ansehen. Unter diejenigen, die die epochemachende Bedeutung von Feuerbachs anthropologischer Reduktion des Christentums richtig eingesehen haben, befand sich bekanntlich auch der junge Marx, der, nach einem Zeugnis von Engels, stark von diesem Programm beeinflußt wurde. Allerdings war der junge Marx auch unter den ersten, die eine scharfe Kritik an Feuerbach geübt haben. Für ihn war es unzweifelhaft, daß der neue Standpunkt keine Erfassung des konkreten Menschen ermöglicht, sondern nur eine leere Abstraktion darbietet, die den geschichtlich gewordenen und gesellschaftlich bestimmten Menschen außer sich hat. Darüber hinaus, hat Marx gegen Feuerbach eingewendet, dieser habe die Religion nur auf der individuell-psychologischen Ebene erörtert, d.h. ihr Erscheinen nur vermittels der geistig-seelischen Verfassung des Menschen zu erklären versucht. In der Tat ist der Mensch mit keiner eingeborenen Neigung ausgestattet, in einer eingebildeten Projektion seines Wesens die angebliche Erfüllung seiner Hoffnungen und Bestrebungen zu genießen. Und schließlich verschärfte Marx seine Kritik an Feuerbach folgendermaßen: nachdem die Philosophie festgestellt hat, daß der endliche, leibliche Mensch der „Grund und Boden" des Absoluten ist, ist es jetzt an der Zeit, die Reduktion auch politisch durchzuführen, d.h. einen weiteren Schritt auf dem Gebiet der gesellschaftlichen Praxis zu vollziehen. In einem gewissen Sinne kann man sagen, daß diese Radikalisierung von Feuerbachs Religionskritik durch Marx, den Kulminationspunkt im Kampf der Aufklärung gegen den Mythos bezeichnet.

24. a.a.O., S. 96. Für eine positivistische Verdammung des Mythos als atavistisches Blendwerk vgl. Ernst Topitsch, Vom Ursprung und Ende der Metaphysik (Wien: Springer, 1958).

8. SCHELLINGS PHILOSOPHIE DER MYTHOLOGIE (I)

Schellings Philosophie der Mythologie stellt einen großartigen Versuch dar, dem Mythos gerecht zu werden, die mythische Weltbegegnung möglichst verständlich zu machen, den Anspruch des Mythos auf absolute Wahrheit äußerst ernst zu nehmen. Dieser Versuch ist bislang der einzig wirkliche Versuch geblieben, den Mythos philosophisch zu verstehen; durch seine Gründlichkeit und Folgerichtigkeit übertrifft dieser Versuch alles, was früher oder später auf diesem Gebiet angestrebt und erzielt worden ist. Der Standpunkt, von dem aus Schelling an den Mythos herantritt, ist nicht nur grundsätzlich verschieden vom Standpunkt der Aufklärung, sondern steht vielmehr im schroffen Widerspruch zu ihm. Schelling nimmt nämlich in Betracht, nicht so sehr die menschliche, als die göttliche Seite des Mythos, ihn interessiert nicht so sehr die Anthropogonie, als die Theogonie, er machte sich zur Aufgabe, den Mythos aus der Geschichte des Absoluten zu erklären, und nicht auf eine empirisch reale Tatsache, genannt Mensch, zurückzuführen. In seiner Philosophie der Mythologie[1] versucht Schelling den letzten, metaphysischen Grund zu entdecken, aus welchem die mythischen Vorstellungen mit Notwendigkeit folgen, d. h. ihm geht es darum, den geschichtlichen Prozeß des Bewußtseins, in dem die mythischen Vorstellungen erzeugt werden, als einen theogonischen Prozeß aufzufassen und auszulegen. Das ist freilich eine Position, die dem gesunden Menschenverstand im Grunde verdächtig ist, und die die neuzeitliche Aufklärung als einen Rückfall in die Mythologie selbst verurteilen zu müssen vermeint.[2]

1. Hier zitiert nach: Sämtliche Werke (K.F.A. Schelling) (Stuttgart und Augsburg: J.B. Cotta, 1856/1857); die beiden Bände der II. Abteilung (1. Band: Einleitung in die Philosophie der Mythologie und 2. Band: Philosophie der Mythologie) sind als XI und XII zitiert.

2. Näheres über Motive für Schellings Interesse an der Philosophie der Mythologie vgl. Odo Marquard, „Die Funktion der Mythologiephilosophie bei

Allerdings tritt Schelling an den Mythos nicht von außen heran, wie der Altertumsforscher, der sich damit begnügt, die mythologischen Tatsachen festzustellen, sondern von innen her, wie der Philosoph, der nach der Natur, nach dem Wesen des Mythos fragt.[3] Er geht also über die bloße Tatsache hinaus, daß die mythischen Vorstellungen bestehen, und bemüht sich zu ergründen, welche Wahrheit diesen Vorstellungen zu Grunde liegt, welche Wahrheit dem Mythos eigen ist. Dabei nimmt Schelling den Mythos in seiner Gesamtheit, als einen vielfältigen Komplex von Sagen und Erzählungen, und fragt nach der Wahrheit dieses „eigentümlichen Ganzen menschlicher Vorstellungen" [4] als solchen. Für ihn ist die Mythologie eine „Klasse von Gegenständen",[5] die nicht bloß zufällig sind, sondern die mit einer Art von Notwendigkeit existieren. Und er will diese Sagen und Erzählungen nicht in einem anderen, sondern in dem Sinne verstehen, in dem sie ursprünglich aufgefaßt wurden und in dem sie also entstanden sind.

Schelling ist tief davon überzeugt, daß die Wahrheit des Mythos nur eine philosophische Untersuchung an den Tag zu bringen vermag, daß die Philosophie allein imstande ist, dem Mythos die Wahrheit zuzusprechen. Diese seine Überzeugung verantwortet er damit, daß die Grundbestimmungen der Wahrheit und die Prüfung, ob und wieweit ein Sachverhalt diese Bestimmungen erfüllt, Sache der Philosophie[6] ist. Ja Schelling geht einen Schritt weiter, und behauptet, daß die philosophische Erklärung

Schelling", in: Manfred Fuhrmann (Hrsg.), Terror und Spiel. Probleme der Mythenrezeption (München: W.Fink, 1971), S. 257 - 263. Für eine gründliche Interpretation der philosophischen Entwicklung Schellings vgl. Walter Schulz, Die Vollendung des Deutschen Idealismus in der Spätphilosophie Schellings (Stuttgart: W. Kohlhammer, 1955).

3. Vgl. dazu Karl-Heinz Volkmann-Schluck, Mythos und Logos. Interpretationen zu Schellings Philosophie der Mythologie (Berlin: W. de Gruyter, 1969), S. 13. Es sei hier im allgemeinen auf die eingehenden und aufschlußreichen Analysen dieses Buches verwiesen.

4. SW XI, S. 7.

5. SW XII, S. 3.

6. SW XI, S.4 - 5, 217 - 222. Vgl. auch SW XII, S. 140 - 141.

des Mythos unumgänglich ist, weil nur die Philosophie die Wahrheit des Mythos begründen kann. Die volle Einsicht in den Wesenscharakter der Mythologie ist erst im Rahmen einer philosophischen Untersuchung möglich. Nach Schellings Meinung hat der Mythos von Anbeginn die Wahrheit beansprucht, er wurde ursprünglich als Wahrheit gemeint. Und zwar nicht in irgendeinem übertragenen Sinne, sondern wörtlich, mit Hinblick auf das Religiöse selbst, also mit Hinblick auf das, was sein Wesen ausmacht. Die Wahrheit des Mythos liegt nicht irgendwo außerhalb des Mythischen, sondern gerade in ihm. Das ist eine wichtige Feststellung. Damit will Schelling sagen, daß der Mythos nicht etwas Subjektives und Gemachtes ist, sondern etwas Objektives, Natürliches, Notwendiges. Die mythischen Vorstellungen sind nicht zufällige Erzeugnisse des menschlichen Bewußtseins in dem Sinne, daß sie durch irgendeine einzelne Tätigkeit des Bewußtseins, sei es Phantasie oder Denken, gesetzt worden sind. Sie sind eigentlich Erzeugnisse „der Substanz des Bewußtseins selbst"[7] und als solche ganz unabhängig von der menschlichen Willkür. Vielmehr sind diese Vorstellungen in ihrem Wesen vollkommen durch Norwendigkeit bestimmt. Darum sind sie so verwachsen mit dem Bewußtsein, und darum konnten sie einst so beharrlich und ergeben als wahr hingenommen werden.

Um seine philosophische Methode als notwendig und wahr zu erweisen, durchmustert nun Schelling im Rahmen einer kritisch-dialektischen Einleitung in die Philosophie der Mythologie alle wirklich aufgestellten und die überhaupt aufzustellenden Erklärungsversuche und zeigt dabei ihre Unhaltbarkeit. Zuerst lehnt er die poetische Auffassung ab, welche im Mythos nicht Wahrheit, sondern Dichtung sieht.[8] Die ausdrückliche oder stillschweigende Voraussetzung dieser Auffassung, daß die Völker der Frühzeit von einem unwiderstehlichen inneren Trieb befallen wurden, eine Poesie zu erzeugen, deren Inhalte Götter und Göttergeschichten waren, scheint ihm vollkommen unbegründet. Denn woher konnte die poetische Imagination solche Inhalte entneh-

7. SW XI, S.187. Vgl. auch SW XII, S. 128.
8. SW XI, S. 10 - 25, bes. S. 15.

men? Übrigens kann man leicht einsehen, daß die homerischen Gedichte eine schon bestehende und als wahr angenommene Götterwelt voraussetzten. Wenn ihnen jedoch das Ganze einer Götterwelt voraus- und zugrundeliegt, dann können sie nicht selbst wiederum Ursprung dieser Götterwelt sein. Durch die poetische Auffassung kann also die Mythologie nicht erklärt werden.

Von der poetischen Auffassung unterscheidet Schelling die allegorische. Diese zweite gibt zu, daß der Mythos auf die Wahrheit hinzielt, daß in ihm die Wahrheit gemeint ist. Jedoch behauptet sie ausdrücklich, daß die Wahrheit nicht in dem Mythos als solchem liegt, weil der Mythos etwas anderes sagt, als er meint.[9] Allegorische Erklärungen können historisch, moralisch und physikalisch sein. Die historische Erklärung hat der Epikureer Euhemeros als eine Konsequenz der Götterlehre Epikurs aufgestellt, freilich nur in Bezug auf die Götter des Volksglaubens. Nach dieser Erklärung sind die Götter keine übermenschlichen Wesen, sondern Menschen, das sind die zu Göttern erhobenen geschichtlichen Personen, Könige und Gesetzgeber. Auf diese Weise ist aber die Existenz der Götter vorausgesetzt und nicht erklärt. Die moralische Erklärung sieht in den Göttern überhaupt keine Personen, sondern nur etwas Unpersönliches, das in Gestalt von Personen vorgestellt wird. Für diese Erklärung sind die Götter nur Symbole der sittlichen Begriffe (z. B. Zeus der Weisheit, Athene der Besonnenheit usw.). Damit ist aber außer Acht gelassen, daß die Götter als sittliche Begriffe gebraucht werden konnten, weil sie zuerst als existierend angenommen wurden. Nach der physikalischen Erklärung sind die Götter personifizierte Naturerscheinungen. Es bleibt aber dabei völlig unklar, was die Menschen der Frühzeit dazu veranlassen konnte, die physikalischen Erkenntnisse auf eine so wunderliche Art zu verhüllen? Schelling erwähnt noch einige Versuche der philosophischen Deutung der Mythologie - darunter auch jene von David Hume[10], welche die religiöse Bedeutung der Mythologie bestrei-

9. SW XI, S. 26 ff.
10. SW XI, S. 69, 74, 78 - 79.

tet und die ursprüngliche Naturvergötterung auf eine Geneigtheit des Menschen zum Aberglauben zurückführt - aber darüber können wir uns hier ruhig hinwegsetzen.

Nach Schellings Meinung liegt der Mangel aller solcher Auffassungen darin, daß keine von ihnen den Götterglauben erklären kann, obwohl alle Mythen gerade diesen Glauben voraussetzen. Solche Auffassungen können nicht zeigen, wie aus der Annahme gewisser, hinter den Naturerscheinungen wirkenden Wesen, Göttervorstellungen werden können. Die Frage, vor der diese Auffassungen versagen, lautet nicht: Wie kam es zur Personifikation jener Wesen, sondern: Wie geschah ihre Deifikation?[11] Denn wenn der mythische Mensch die hervorragenden Personen, Könige und Gesetzgeber als Götter auffassen konnte, dann mußte er schon im voraus eine Vorstellung von der Göttlichkeit der Götter haben.

Im weiteren Verlauf der Untersuchung stellt Schelling fest, daß alle solche Auffassungen auf einer gemeinsamen Voraussetzung beruhen. Sie setzen nämlich voraus, daß die Mythologie eine Erfindung sei, und zwar eine Erfindung der Einzelnen.[12] Es erheben sich aber dagegen schwere Bedenken. Wie konnte es dann geschehen, daß die Mythologie die Sache eines ganzen Volkes wurde? Die Mythologie läßt sich nicht so wie Schulpläne, Lehrbücher und Katechismen durch staatliche und kirchliche Behörden einführen. Und wie sind bei dieser Annahme die Ähnlichkeiten und Verwandtschaften der Mythologien der einzelnen Völker zu begreifen? Um diese Schwierigkeiten zu vermeiden, kann man freilich annehmen, daß die Mythologie nicht von Einzelnen erfunden wurde, sondern daß sie vom Volk selbst ausgegangen ist.[13] Die Mythologie ist so sehr mit dem Leben eines Volkes verwachsen, daß sie nur aus ihm selbst hervorgehen konnte. In jenen ältesten Zeiten verschaffte sich das Volk, ohne Reflexion, vom Leben selbst, jene höheren Gestalten, die einerseits sein Leben verklärten, andererseits aber von tiefer Naturbedeutung, also poetisch und philosophisch zugleich waren.

11. Vgl. dazu Karl-Heinz Volkmann-Schluck, a.a.O., S. 27.
12. SW XI, S. 56.
13. SW XI, S.59.

Aber auch diese zweite Annahme ist bedenklich. Ja es ist höchst unwahrscheinlich, daß in einem schon bestehenden Volk, aus oder unter ihm, und insbesondere durch geschichtliche Verhältnisse und Berührungen mit anderen Völkern, Mythologie erst entstehen konnte, als wäre es denkbar, daß dieses Volk ohne seine Mythologie ein Volk wäre[14]. Was macht ein Volk zu einem Volk? Gewiß nicht die bloße räumliche Koexistenz einer kleineren oder größeren Anzahl von Individuen, sondern die Gemeinsamkeit des Bewußtseins zwischen ihnen, die in einer gemeinschaftlichen Sprache ihren unmittelbaren Ausdruck hat und die in einer gemeinschaftlichen Weltansicht ihren Grund findet. Aber diese gemeinschaftliche Weltansicht wird einem Volk gerade in seiner Mythologie gegeben. Nicht durch seine Geschichte ist einem Volk seine Mythologie, sondern umgekehrt ist ihm durch seine Mythologie seine Geschichte bestimmt. Oder vielmehr ist die Mythologie selbst das Schicksal eines Volkes, „sein ihm gleich anfangs gefallenes Los"[15], in ihr wurden seine wesentlichen Möglichkeiten geprägt.

So wurde Schelling auf den Satz geführt, daß die Mythologie eines jeden Volkes nur zugleich mit ihm selbst entstehen konnte, daß die Mythologie die wahre Ursache der Scheidung und endlich der vollkommenen Trennung der Völker bildet. Die Mythologie gibt einem Volk alles, was es zu einem bestimmten Volk macht, das ist eine entscheidende Grundthese Schellings[16]. Sie gibt ihm eine eigene Weltansicht, ein individuelles Volksbewußtsein, durch das es aus dem allgemeinen Bewußtsein der Menschheit heraustritt, und vermöge dessen es eben dieses ist und von jedem anderen nicht weniger als durch seine Sprache verschieden. Gibt aber der Mythos einem Volk erst eine einheitliche Weltansicht, dann ist dem Gedanken nicht mehr auszuweichen, die mythischen Vorstellungen mußten von vorneherein als Wahrheit, ja als „ganze, volle Wahrheit"[17], demnach als Götterlehre auch gemeint sein.

14. SW XI, S. 62 - 63.
15. SW XI, S. 65.
16. SW XI, S. 64 - 66.
17. SW XI, S. 66.

Nun stellt sich die Frage: wie sind die Völker entstanden? Das ist keine willkürlich aufgeworfene, sondern eine notwendige und unausweichliche Frage. Ein Volk ist durch ein geistiges Band, durch ein gemeinschaftliches Bewußtsein, das sich in der Einheit einer eigenen Sprache artikuliert und manifestiert, geeint. Stammeseinheiten, in denen die Menschheit ursprünglich lebte, waren noch keine Völker. Denn sie beruhten auf natürlichen Abstammungs- und Verwandtschaftsverhältnissen. Die Unterschiede zwischen den Völkern sind auch nicht von der Art der physischen Differenzen, der sogenannten Menschenrassen[18], wie groß auch diese Differenzen sein mögen, sondern sie sind primär von geistiger Natur. Unter diesen Unterschieden sind die Sprachunterschiede besonders wichtig, weil die Sprache doch etwas Geistiges ist, obwohl sie von ihrer einen Seite auch zu etwas Äußerlichem gehört. Völker bestehen nicht von jeher, sondern sind geschichtlich entstanden. Aber sie konnten nicht von selbst entstehen, durch ein bloß räumliches Auseinandergehen. Auch nicht bloß durch äußere Ursachen, durch bloße Naturereignisse. Die Bildung von Völkern nimmt ihren Ausgang von einer geistigen Krisis[19], von einer Erschütterung im Inneren des Menschen, die das spezifische Wesen des Menschen angeht, das Bewußtsein selbst, sofern der Mensch als Mensch aus dem Bewußtsein seiner selbst und der Welt lebt.

Ursprünglich lebte das noch nicht getrennte Menschengeschlecht in der Einheit eines Gottesbewußtseins. Das geistige Prinzip, von welchem das Bewußtsein der Menschheit in der Zeit vor der Völkertrennung ausschließlich eingenommen und beherrscht wurde, mußte ein solches Prinzip sein, das keinem anderen im Bewußtsein Raum gab, kein anderes außer sich zuließ, es konnte nur ein unendliches Prinzip, nur ein Gott sein, ein Gott, der das Bewußtsein ganz erfüllte, der dem ganzen Menschengeschlecht gemeinschaftlich war, der die Menschheit zusammen und in ungestörter Ruhe erhielt.[20] Das besagt aber, daß der Poly-

18. SW XI, S. 97.
19. SW XI, S.100.
20. SW XI, S.103 - 104.

theismus allein das Werkzeug der Völkerscheidung sein konnte. Die Entstehung verschiedener, von einander abweichender und sogar ausschließender Götterlehren, und die damit zusammenhängende Verwirrung der Sprache ist die Ursache der Trennung der Menschheit in Völker. Wenn die Menschheit sich dadurch in Völker zu trennen begann, daß in dem bis dahin einheitlichen Bewußtsein verschiedene Götter hervortraten, dann konnte auch umgekehrt die der Trennung vorausgehende Einheit ihren Grund nur in der Einheit eines Gottes im Bewußtsein haben. Also setzt der Polytheismus einen Monotheismus voraus.

Damit ist freilich noch nicht entschieden, ob dieser allgemeine und der ganzen Menschheit gemeinsame Gott, darum weil er ein solcher war, notwendig auch der Eine war im Sinne des Monotheismus, ob er überhaupt ein „schlechthin unmythologischer“[21], alles Mythologische von sich ausschließender sein mußte. Denn dieser eine Gott könnte auch von mythologischer Wesensart sein. Die Beantwortung dieser Frage ist nach Schellings Meinung von größter Wichtigkeit, denn nur dadurch kann man eine Basis gewinnen, auf welche sich „nicht mehr bloß hypothetische, sondern kategorische Schlüsse“[22] über den Ursprung der Mythologie bauen ließen.

Zunächst macht aber Schelling auf einen Unterschied im Polytheismus aufmerksam.[23] Der eine Polytheismus entsteht dann, wenn eine größere oder kleinere Zahl von Göttern gedacht wird, die ein und demselben höchsten und herrschenden Gott untergeordnet sind. Das ist der simultane Polytheismus, der nur die Göttervielheit, aber keine Göttergeschichte kennt. Unter dem Polytheismus kann jedoch auch eine Mehrheit von Göttern gedacht werden, die sich gegenseitig ausschließen und in der Zeit aufeinander folgen. Von diesen Göttern kann nur einer eine Zeitlang der höchste und herrschende sein. Das ist der sukzessive Polytheismus, der nicht nur die Göttervielheit, sondern auch die Göttergeschichte bedeutet. Die griechische Mythologie hat die

21. SW XI, S.120.
22. ebd.
23. SW XI, S. 120 - 121.

Erinnerung an die Sukzession der Göttervorstellungen bewahrt, durch welche das menschliche Bewußtsein wirklich hindurchgegangen ist (Uranos, Kronos, Zeus). Wichtig ist dabei einzusehen, daß der sukzessive Polytheismus allein die Einheit des Gotteswesens entschieden aufhebt. Denn die Götter des simultanen Polytheismus haben keine selbständige Existenz, sondern sind zuletzt in der Einheit des höchsten Gottes aufgelöst. Hier besteht zwar Göttervielheit, aber keine „Vielgötterei"[24]. Diese entsteht erst dann, wenn mehrere höchste und so weit sich gleiche Götter aufeinander folgen, die sich nicht mehr in eine höhere Einheit auflösen können. Der sukzessive Polytheismus ist daher der wahre, der eigentliche Polytheismus, der eine Erklärung fordert. Dieser Polytheismus ist das Rätsel, hier liegt die Frage, aber eben darum auch der Aufschluß über den Mythos überhaupt.

Vom Gedanken geleitet, daß die Mythologie als Göttergeschichte etwas Erlebtes und Erfahrenes sein mußte,[25] geht Schelling auf die Hauptfrage zurück, ob jener dem ganzen Menschengeschlecht vor der Völkertrennung gemeinsame Gott notwendig der schlechthin unbedingt Eine, d. h. der ganz unmythologische Gott sein mußte. Notwendig ist diese Folgerung offensichtlich nicht. Denn dieser im Bewußtsein zuerst erschienene Gott hat auch der Erste einer Götterfolge, d. h. eines sukzessiven Polytheismus sein können. Dieser Gott wäre der bloß relativ Eine, sofern er als der alleinige das Bewußtsein beherrscht und dabei vor und neben sich noch keine anderen Götter hat, wohl aber haben kann. Er ist der Wirklichkeit nach zwar der Eine, nicht aber seinem Wesen nach, demgemäß er nur der Erste einer Folge ist. Solange freilich ein zweiter Gott im Bewußtsein noch nicht hervorgetreten ist, bleibt die mythische Wesensart dieses ersten gemeinsamen menschlichen Gottes verborgen.

Es gilt also, auch im Begriff des Monotheismus eine wesentliche Unterscheidung aufzufinden.[26] Absoluter Monotheismus bedeutet den Glauben an Gott, der schlechthin der Eine ist, der

24. SW XI, S. 121.
25. SW XI, S. 125.
26. SW XI, S. 127 - 128.

keinen anderen Gott neben sich haben kann, weil seine Einzigkeit in seinem Wesen, in seiner Gottheit gegründet ist. Relativer Monotheismus besagt den Glauben an einen Gott, der bloß zufällig der Eine ist, der wirklich keinen anderen Gott neben sich hat, nur weil ein zweiter noch nicht erschienen ist, aber jederzeit erscheinen kann.

Die Erwägung der Tragweite dieser Unterscheidung im Hinblick auf das, was erklärt werden soll, führt unvermeidlich zum Schluß, daß der ursprüngliche Monotheismus, der dem Polytheismus und der Völkertrennung voranging, nur ein relativer, keineswegs absoluter Monotheismus sein konnte. Nur dieser Monotheismus kann sowohl die ursprüngliche Einheit als auch das nachfolgende Auseinandergehen der Menschheit erklären. Das Prinzip, das die Menschheit in der Einheit hielt, mußte also ein solches sein, dem ein anderes Prinzip folgen konnte, von dem es bewegt, verwandelt, zuletzt sogar bewältigt wurde.[27] Denn wenn man davon ausgeht, daß am Anfang der absolute Monotheismus herrschte, dann muß man auch zugeben, daß der Polytheismus nur durch eine Verdunkelung und ein allmähliches Erblassen der ursprünglichen Gotteserkenntnis hervorgerufen wurde.[28] Aber eine solche Erlahmung einer früheren Einsicht würde, nach Schellings Meinung, vielleicht eher ein Nicht-mehr-verstehen, sogar ein gänzliches Vergessen aller Religion, als den Polytheismus zur Folge haben. Ein bloßes Schwächerwerden der ursprünglichen Gotteserkenntnis würde nicht die Gewalt erklären, mit welcher der Polytheismus entstanden ist, würde nicht den Schrecken erklären, den die Menschheit bei der ersten Erscheinung des Polytheismus empfunden hat. Die Ursache, welche das ursprüngliche einheitliche Bewußtsein zerstörte, mußte eine positive, nicht eine negative sein. Und das war wirklich der Fall. Am Anfang herrschte der bloß relative Monotheismus, das menschliche Bewußtsein wurde ursprünglich von einem Gott beherrscht, der nicht der wahrhaft-Eine, sondern der einseitig-Eine war, so daß der Polytheismus diesen Monotheismus zerstören konnte. In diesem

27. SW XI, S.130.
28. SW XI, S. 138 - 139.

Zusammenhang behauptet nun Schelling ausdrücklich, daß der Polytheismus wahrhaftig ein „Übergang zum Besseren", zur „Befreiung der Menschheit von einer an sich wohltätigen, aber ihre Freiheit erdrückenden, alle Entwicklung und damit die höchste Erkenntnis niederhaltenden Gewalt"[29] war. Also ist der relative Monotheismus der einzig mögliche Erklärungsgrund aller Mythologie.

Um auf der gelegten Grundlage mit Sicherheit fortbauen zu können, fügt Schelling an dieser Stelle noch eine kurze Erörterung über den Begriff der Offenbarung hinzu.[30] Dies fand er für nötig, weil ein mächtiger Einwand gegen sein Ergebnis drohte, im ursprünglichen Bewußtsein habe nicht ein reiner Monotheismus geherrscht, sondern ein geoffenbarter. Die Tatsache, daß nicht nur die Theologen, sondern auch die Geschichtsphilosophen behaupteten, alle Gottesvorstellungen beruhten auf einer Offenbarung, waren durch die Offenbarung vermittelt, kann freilich nicht umgangen werden. Aber steht es wirklich so, daß die monotheistische Hypothese nur dann unbestreitbar wäre, wenn es keine Offenbarung gäbe? Nach Schellings Meinung läßt sich der Begriff Offenbarung nicht auf das Urverhältnis des Menschen zu Gott ausdehnen. Denn Offenbarung drückt ein Geschehen, einen Vorgang in der Zeit aus, das ist ein auf einer Tat beruhendes Verhältnis. Eine Tat kann aber nur dort stattfinden, wo ein Widerstreit negiert und aufgehoben werden muß. Das ursprüngliche Verhältnis des Menschen zu Gott kann man jedoch nur als ein wesentliches Verhältnis denken. Da konnte nichts zwischen dem Menschen und Gott sein, wodurch der Mensch von Gott getrennt und entfernt gehalten wäre. Wenn der ursprüngliche Mensch nicht an sich schon Bewußtsein von Gott wäre, wenn er eines besonderen Aktes der Offenbarung bedürfte, um überhaupt ein Bewußtsein von Gott zu gewinnen, dann würde die Annahme eines „ursprünglichen Atheismus des menschlichen Bewußtseins"[31] unausweichlich, dann müßte man zugeben, das menschliche Bewußtsein sei ursprünglich

29. SW XI, S.139.
30. SW XI, S.140 - 143.
31. SW XI, S.142.

und von sich her gottlos, d.h. ohne ein Gottesverhältnis. Diese atheistische Konsequenz der Auffassung, die Offenbarung sei eine Voraussetzung für das Verständnis der Mythologie, kann aber nicht von den genannten Theologen und Geschichtsphilosophen akzeptiert werden, da sie letzten Endes gegen ihre eigene Meinung spricht.

Damit hat Schelling freilich nicht die christliche Offenbarungsreligion getroffen, geschweige denn in Frage gestellt. Das einzige, was ihn in diesem Zusammenhang interessierte, war zu zeigen, daß die Mythologie nicht von einer Offenbarung hergeleitet werden kann, und nicht, daß es keine Offenbarung überhaupt gibt. Vielmehr hat Schelling deutlich angesprochen, daß der Begriff der Offenbarung nur dann einen Sinn haben kann, wenn er in seiner „strengen Geschichtlichkeit"[32] erhalten wird. Und das scheint vollkommen berechtigt, denn die christliche Theologie hat nie behauptet, daß jedes Gottesverhältnis allein und ausschließlich auf Offenbarung beruht, sondern daß Gott durch Offenbarung erst in seiner Wahrheit erkannt ist.

32. SW XI, S.180.

9. SCHELLINGS PHILOSOPHIE DER MYTHOLOGIE (II)

Nun stehen wir vor der schwierigen Aufgabe, den Kernpunkt von Schellings Ausführungen, seinen Grundgedanken über den Mythos in aller Kürze wiederzugeben, um damit den begonnenen Interpretationsversuch zum Abschluß zu bringen. Alles bisher Gesagte hatte nur eine anbahnende Bedeutung, war nur eine Vorbereitung für jenes Entscheidende, was Schelling zu diesem Thema gebracht hat, und dem wir uns jetzt zuwenden müssen. Selbstverständlich können wir dabei nicht den vollständigen Gedankengang getreu mitverfolgen, wie wir es bislang im großen und ganzen getan haben; sondern müssen zu drastischen Kürzungen greifen. Nur derart werden wir einen vorläufigen zusammenhängenden Einblick in das Ganze gewährleisten können. Zwecks Vereinfachung der Darstellungsweise, aber auch aus sachlichen Gründen, die auf der Hand liegen, werden im folgenden die beiden gewichtigen Vorlesungen zur Einleitung in die Philosophie der Mythologie (die achte und die neunte) zugrundegelegt, und alle Hinweise auf die weiterführenden und begründenden Gedanken, die Schelling erst in den beiden Büchern der wirklichen Philosophie der Mythologie vorgelegt hat, werden um diesen Mittelpunkt gruppiert.

Aus der Feststellung, daß der relative Monotheismus ein latenter Polytheismus ist, daß von ihm alle mythischen Vorstellungen ausgegangen sind, daß mit ihm schon die Grundlage zur eigentlichen Vielgötterei gelegt ist, ergibt sich für Schelling die nächste notwendige Folge, daß der geschichtliche Anfang des Polytheismus außer dem Bereich unseres Wissens liegt.[1] Selbst dann, wenn die geschichtliche Zeit im weitesten Sinn verstanden wird. Im strengen Sinn beginnt die geschichtliche Zeit mit der vollbrachten Völkertrennung. Ihr geht aber die Zeit der Völker-Krisis voraus, die als Übergang zur geschichtlichen Zeit (und

1. SW XI, S.181.

nur in Bezug auf die im engsten Sinne geschichtlich zu nennende Zeit) eigentlich vorgeschichtlich ist, in sich selbst aber doch geschichtlich, insofern sich in ihr auch etwas Wesentliches ereignet. Dagegen wäre die Zeit vor der Völker-Krisis, also die Zeit der ruhigen, noch unerschütterten Einheit des Menschengeschlechts, die schlechthin vorgeschichtliche. In dieser vorgeschichtlichen Zeit ereignete sich keine Geschichte, weil das Bewußtsein ganz erfüllt war von jenem Einen, der in der Folge der erste Gott des sukzessiven Polytheismus wurde. Hier gab es kein Vor und Nach, keine Folge wirklich unterschiedener Zeiten, sondern nur die eine, unteilbare, absolut identische Zeit. Dieses ganz von dem Einen erfüllte Bewußtsein ist das „erste wirkliche Bewußtsein der Menschheit",[2] vor welchem sie kein anderes weiß, in dem sie sich vielmehr einfach vorfindet, und dem der Zeit nach kein anderes vorauszudenken ist. Also erweist sich der mythische Polytheismus so alt wie die Geschichte, insofern er im ersten wirklichen Bewußtsein zwar noch nicht wirklich ist, aber doch potentiell vorhanden.

Freilich darf dieses erste wirkliche menschliche Bewußtsein nicht unerklärt bleiben. Es muß vielmehr erklärt werden, weshalb und wodurch es so ist. Denn dieses Bewußtsein ist auch etwas Gewordenes, obwohl kein geschichtlich Gewordenes. Insofern kann sein Werden durch keine historische Forschung nachgewiesen werden. Der Vorgang, durch den jenes erste Bewußtsein geworden ist, kann nur ein übergeschichtlicher sein. Wie früher ein Fortschreiten vom Geschichtlichen ins Vorgeschichtliche notgedrungen war, so wird jetzt ein Fortgehen ins Übergeschichtliche unausweichlich. Die Geschichte kann nur dann ergründet werden, wenn man nach dem Übergeschichtlichen fragt. Das Begreifen der Geschichte zwingt, in das Übergeschichtliche hinüberzugehen. Dieses Übergeschichtliche, das alle geschichtliche und vorgeschichtliche Zeiten als ihr bestimmender Anfang umgreift und übergreift, kann aber nur der „ursprüngliche Mensch selbst"[3] sein, denn im Übergeschichtlichen ist nur noch dieser Mensch zu denken.

2. SW XI,S.182.
3. SW XI,S.184.

Zu einem Fortgehen ins Übergeschichtliche zwingt aber auch eine andere Betrachtung: Das erste menschliche Bewußtsein ist durch das Verhältnis zu dem relativ einen Gott bestimmt, es ist von einem Monotheismus durchdrungen, der sein Gegenteil in sich birgt. Nun gibt es noch eine dritte Möglichkeit: das Bewußtsein könnte überall in keinem Verhältnis zu Gott stehen. Wenn es aber dennoch immer schon in einem Gottesverhältnis steht, dann muß es dafür einen bestimmten Grund haben. Dieser Grund kann nicht mehr im Bewußtsein selbst, sondern nur jenseits desselben liegen. Jenseits des ersten wirklichen menschlichen Bewußtseins ist aber nichts mehr zu denken, als der Mensch selbst, oder das Bewußtsein „in seiner reinen Substanz vor allem wirklichen Bewußtsein".[4] Dieses reine Bewußtseinswesen ist noch nicht ein Bewußtsein von sich selbst. Denn das Selbstbewußtsein setzt ein Bewußtwerden voraus, es ist nicht denkbar ohne eine Tat, ohne ein Wirken. Das reine Bewußtseinswesen ist aber noch nicht ein Bewußtsein des Menschen von sich selbst. Da doch das Bewußtsein immer Bewußtsein von etwas sein muß, so kann es nur Bewußtsein von Gott sein, d.h. rein substantielles Gottesbewußtsein. Es beruht nicht auf einer Tat, und ist nicht mit einem Wissen oder Wollen verbunden. „Der ursprüngliche Mensch ist nicht *actu*, er ist *natura sua* das Gott Setzende."[5] Dieser übergeschichtliche Monotheismus ist nach Schellings Worten „nicht ein Monotheismus des menschlichen Verstandes, sondern der menschlichen Natur, weil der Mensch in seinem ursprünglichen Wesen keine andere Bedeutung hat als die, die Gott-setzende Natur zu sein, weil er ursprünglich nur existiert, um dieses Gott-setzende Wesen zu sein, also nicht die für sich selbst seiende, sondern die Gott zugewandte, in Gott gleichsam verzückte Natur".[6] Dieser den Gott in seiner absoluten Einheit setzende Monotheismus wäre die letzte Voraussetzung der Mythologie.

Auf den möglichen Einwand, der Gedanke vom „ursprünglichen Menschen" sei eine bloße spekulative Schwärmerei, er-

4. SW XI,S.185.
5. ebd.
6. ebd.

widert Schelling derart, daß nicht von dem Menschen die Rede ist, wie er jetzt ist. Zwischen seinem Ursein und seinem jetzigen Sein liegt bereits die „ganze große ereignisvolle Geschichte in der Mitte",[7] d.h. die Geschichte des vom Mythos, und dann die Geschichte des vom Logos geprägten Bewußtseins. Diese Geschichte darf keinesfalls vernachlässigt werden. In der Tat hat das menschliche Bewußtsein, sobald es sich zum Gegenstand gemacht hat, sobald es wirkliches Bewußtsein geworden ist, schon aufgehört, das unmittelbare Gottesbewußtsein zu sein.

Man fragt sich: wie konnte sich das menschliche Bewußtsein so sehr mit religiösen Vorstellungen befassen, ja ganz von solchen eingenommen sein? Diese Frage kommt zur Sprache in jeder Betrachtung der menschlichen Geschichte, und muß auch in einer Untersuchung über den Mythos berücksichtigt werden. Eine Antwort auf diese Frage ist aber nach Schellings Meinung nicht möglich zu geben, weil sie falsch gestellt ist. Das Bewußtsein kommt nicht erst zu Gott, sondern umgekehrt: sobald es sich bewegt, geht es von ihm hinweg.[8] Das erste wirkliche menschliche Bewußtsein geht nicht mehr in der Vorstellung Gottes auf, weil es aus einem Urstande herausgetreten ist. Nur das reine Bewußtsein, das Bewußtsein an sich, das Bewußtsein, das noch nicht sich selbst zum Gegenstand geworden ist, ist das unmittelbare Gottesbewußtsein. Es hat nicht dieses Bewußtsein Gottes, sondern es ist dieses Bewußtsein: es ist das Gott-Setzende gerade nur im Nichtwirken, in der Nichtbewegung.[9] Das wirkliche Bewußtsein ist etwas Gewordenes, es ist ein für sich seiendes Wesen. Ihm ist der Gott nur noch ein Moment desselben, nicht mehr der Gott selbst.

Der Monotheismus des reinen Bewußtseins ist ein Monotheismus von besonderer Art. Er ist ein Monotheismus, der es ist und auch nicht ist; er ist ein natürlicher, blinder Monotheismus,[10] der weder von seinem Gegenteil, noch von sich selbst weiß, der aber zu seinem Gegenteil werden kann und der zu einem sich wis-

7. SW XI, S.186.
8. ebd.
9. SW XI, S.187.
10. ebd.

senden und sich selbst besitzenden Monotheismus überzugehen bestimmt ist. Der Monotheismus des reinen Bewußtseins ist also weder ein abstrakter Monotheismus, der sein Gegenteil ausschließt (denn aus einem solchen Monotheismus hätte der Polytheismus nie entstehen können), noch ein förmlicher Monotheismus, der sein Gegenteil in sich überwunden und bewältigt hat (denn ein solcher Monotheismus kann nur das Resultat einer Geschichte des Bewußtseins sein). Der Monotheismus des reinen Bewußtseins ist ein wesentlicher Theismus,[11] der in einem gewissen Sinne jenseits der begrifflichen Unterscheidung zwischen dem Monotheismus und dem Polytheismus steht.

Das wesentliche Verhältnis des Menschen zu Gott, das in der reinen Substanz des Bewußtseins gegründet ist, läßt sich aber nur als ein Moment denken. Der Mensch konnte nämlich nicht in diesem „Außer-sich-sein" verharren, er mußte aus dem „Versenktsein in Gott"[12] heraustreten, um das unmittelbare Gottesverhältnis in ein Wissen von Gott, und dadurch in ein freies Verhältnis zu verwandeln. Zu einem solchen Verhältnis kann der Mensch nur stufenweise gelangen. Durch die Aufhebung des unmittelbaren Gottesverhältnisses ist nicht das Verhältnis des Menschen zu Gott überhaupt aufgehoben. Der Mensch fällt dem Gott in seiner Wirklichkeit anheim, selbst wenn er wirklich geworden ist. Freilich wird dem wirklich gewordenen Bewußtsein auch der Gott zu einem wirklichen Gott. Und obwohl der Gott seinem göttlichen Selbst oder Wesen nach Einer ist, ist er seiner Existenzform nach Mehrere. Das bezeugt das historische Faktum der Mythologie. Aber keine jener Existenzformen ist dem Gott gleich. Erst wenn diese Existenzformen im Bewußtsein zur Einheit werden, ist diese gewordene Einheit, in der Wesen und Wirklichkeit Gottes einander völlig entsprechen, der mit Bewußtsein und Wissen erlangte Monotheismus.

Der natürliche Theismus des reinen Bewußtseins ist eine übergeschichtliche Voraussetzung, da dieser Theismus mit dem Wesen des Menschen vor aller Bewegung, vor allem Geschehen

11. ebd.
12. SW XI, S.189.

gesetzt ist. Aber jene Bewegung, durch welche der Mensch aus dem Verhältnis zu dem göttlichen Wesen heraustritt, und dem wirklichen Gott anheimfällt, läßt sich auch nur als ein übergeschichtliches Ereignis denken. Die Tat, durch welche dem ersten wirklichen Bewußtsein die Grundlage gelegt wird, fällt nicht in dieses Bewußtsein hinein, sondern liegt außer ihm. Der Ursprung des mythischen Polytheismus liegt in einem Bereich, zu dem das wirkliche Bewußtsein keinen Zugang mehr hat. Das Wirklichwerden des Bewußtseins ist eine „Alteration des Bewußtseins".[13] Sie besteht darin, daß das Bewußtsein nicht mehr von dem schlechthin-Einen, sondern nur noch von dem relativ-Einen beherrscht wird. Diesem relativen Gott folgt aber ein zweiter, und zwar nicht zufällig, sondern nach einer objektiven Notwendigkeit, weil der relative Gott schon der Erste einer Reihe ist. Das Bewußtsein wird einer Folge von Göttervorstellungen unterworfen, die „ohne sein Zutun"[14] entstehen. Das Bewußtsein wird in eine Bewegung verwickelt, die ihm selbst undurchsichtbar ist. Es verhält sich zu dieser Bewegung als zu einem Schicksal, einem Verhängnis, gegen das es nichts vermag. Diese Bewegung ist eine Macht, die nicht mehr in seiner Gewalt steht, die sich seiner bemächtigt hat. Also ist die Mythologie etwas, was gar nichts mit der Erfindung zu tun hat, sie entsteht durch einen notwendigen Bewußtseinsprozeß, dessen Ursprung sich im Übergeschichtlichen verliert.

Die mythischen Vorstellungen sind weder frei erfundene, noch freiwillig angenommene. Weil sie Erzeugnisse eines vom Denken und Wollen unabhängigen Prozesses sind, waren sie für das ihm unterworfene Bewußtsein „von unzweideutiger und unabweislicher Realität".[15] Völker und Individuen dienen diesem Prozeß, ohne ihn zu begreifen, sie sind dessen Werkzeuge. „Es steht nicht bei ihnen", sagt Schelling, „sich diesen Vorstellungen zu entziehen, sie aufzunehmen oder nicht aufzunehmen; denn sie kommen ihnen nicht von außen, sie sind in ihnen, ohne

13. SW XI, S.192.
14. SW XI, S.193.
15. SW XI, S.194.

daß sie sich bewußt sind, wie; denn sie kommen aus dem Innern des Bewußtseins selbst, dem sie mit einer Notwendigkeit sich darstellen, die über ihre Wahrheit keinen Zweifel verstattet".[16] Das gibt uns die Möglichkeit zu verstehen, wie es überhaupt dazu gekommen ist, daß die Völker des Altertums jenen mythischen Vorstellungen, die uns als durchaus widersinnig und vernunftwidrig erscheinen, nicht nur Glauben schenken, sondern ihnen die härtesten Opfer bringen konnten.

Da die Mythologie auf einem natürlichen, nicht einem künstlichen Wege entstanden ist, lassen sich in ihr überhaupt nicht Inhalt und Form unterscheiden. Die mythischen Vorstellungen haben keinen anderen Sinn, als den, den sie aussprechen. In ihnen ist alles so zu verstehen, wie es ausgesprochen ist, nicht als ob etwas anderes gedacht, etwas anderes gesagt wäre. Die Mythologie ist demnach von ganz anderer Art als alle Allegorie und Symbolik. Nach einem bekannten Ausdruck von Schelling, den er dem englischen Schriftsteller Coleridge verdankt, ist die Mythologie nicht allegorisch, sondern „tautegorisch".[17] Und das heißt, daß die mythischen Götter nur das bedeuten, was sie sind, daß sie für das mythische Bewußtsein wirklich existierende Wesen sind.

Mit der Feststellung: das menschliche Bewußtsein selbst sei der wahre Sitz und das eigentliche vollbringende Prinzip der mythischen Vorstellungen, hat Schelling noch nicht den Zielpunkt seiner Erörterungen erreicht. Damit ist nur die subjektive Bedeutung des mythologischen Prozesses, diejenige, welche dieser Prozeß für die von ihm ergriffene Menschheit hatte, in Betracht gezogen. Die Gottesvorstellungen, die sich im Bewußtsein mit Notwendigkeit erzeugen, sind für dieses Bewußtsein wahr: die subjektive Notwendigkeit fällt mit der subjektiven Wahrheit zusammen.[18] Damit ist aber noch nicht über den eigentlichen Wahrheitscharakter der mythischen Vorstellungen entschieden. Denn diese könnten objektiv betrachtet dennoch zu-

16. ebd.
17, SW XI, S.196.
18. SW XI, S.205.

fällig und falsch sein. Die Notwendigkeit der mythischen Vorstellungen für das sie vollbringende Bewußtsein macht noch nicht ihre Wahrheit aus. Der mythologische Prozeß muß also noch genauer bestimmt werden, und zwar nicht im Hinblick auf das ihm unterworfene Bewußtsein, sondern im Hinblick auf das, was er an sich, was er objektiv bedeutet.

In diesem Zusammenhang erwähnt Schelling zuerst die alte theologische Lehre, nach der die Vielgötterei wie auch alles Verderben in der Menschheit vom Sündenfall hergeleitet wird. Sie verdient insofern Beachtung, als sie die Einsicht gewährt, daß ohne die Annahme einer „reellen Verrückung des Menschen von seinem ursprünglichen Standpunkt"[19] die Mythologie sich nicht erklären läßt. Sonst lehnt Schelling diese Lehre ab, weil sie den Polytheismus auf die Naturvergötterung zurückführt. In der Tat hat der mythologische Prozeß überhaupt nichts mit den Naturgegenständen zu tun, sondern mit den Gott-setzenden Potenzen, die das Bewußtsein konstituieren. Der mythologische Prozeß wird durch die „im Innern des Bewußtseins selbst aufstehenden Mächte"[20] im Gang gesetzt, und nicht durch irgendwelche dem Bewußtsein äußerliche Dingen. Sofern der mythologische Prozeß im Bewußtsein vorgeht, ist er etwas Subjektives. Weil aber sein Inhalt nicht bloß „vorgestellte Potenzen", sondern die „Potenzen selbst"[21] sind, d.h. die theogonischen Mächte, die das Bewußtsein konstituieren und durchwalten, und, da das Bewußtsein nur das Enderzeugnis der Natur ist, auch die Natur erschaffen, hat dieser Prozeß objektive Realität.

Der mythologische Prozeß ist also ein wirklicher theogonischer Prozeß, eine wahre Göttergeschichte. Anlaß zu diesem Prozeß gibt eine Potenz, die die ursprüngliche Einheit zerstört, indem sie sich mit Ausschließung aller anderen Potenzen des Bewußtseins bemächtigt. Dadurch wird der wesentliche Monotheismus des reinen Bewußtseins aufgelöst, der seinem verborgenen Wesen nach schon ein Polytheismus war. Das ist aber kein

19. ebd.
20. SW XI, S.207.
21. ebd.

Verfall, weil dem reinen Bewußtsein, das selbst noch nicht wirklich geworden ist, auch Gott noch nicht wirklich war. Der Sinn des Prozesses ist daher kein Auseinandergehen der Potenzen, sondern im Gegenteil: sein Ziel ist die Wiedervereinigung der Potenzen, die durch die ausschließliche Herrschaft der einen Potenz getrennt worden waren. Der Prozeß endet mit der vollbrachten Übereinstimmung von Wesen und Wirklichkeit Gottes im Bewußtsein. Als Momente des mythologischen Prozesses sind die einzelnen polytheistischen Religionen falsch, aber der Polytheismus im Ganzen seiner sukzessiven Momente betrachtet, ist der Weg zur Wahrheit und insoweit selbst Wahrheit.[22] Der mythologische Prozeß hat nicht nur bloß religiöse, sondern auch allgemeine Bedeutung. Das ist ein Prozeß, in dem die Wahrheit entsteht, weil die Prinzipien dieses Prozesses keine anderen sind, als die Prinzipien alles Seins und alles Werdens. Nach Schellings Worten ist der mythologische Prozeß ein „Prozeß der sich wiederherstellenden und dadurch verwirklichenden Wahrheit".[23] Freilich liegt die Wahrheit nicht in dem einzelnen Momente des Prozesses, denn sonst bedürfte es keines Prozesses, keines Fortgangs zu einem folgenden Moment. Die Wahrheit erzeugt sich im Prozeß selbst, sie ist daher in ihm, als eine sich erzeugende, sie liegt im Ganzen des Prozesses.

Die philosophische Untersuchung hat zu einer ersten Erkenntnis der objektiven Wahrheit des Mythos geführt. Es hat sich herausgestellt, daß die mythischen Vorstellungen Erzeugnisse eines theogonischen Prozesses sind, in den das menschliche Bewußtsein von Anfang an versetzt ist. Diese Erkenntnis ist aber vorläufig, obwohl sie durch eine Reihe von Schlüssen, die sich als zwingend aufgedrängt haben, ermittelt worden ist. Es ist die Aufgabe der eigentlichen Philosophie der Mythologie, die beiden Grundvoraussetzungen, auf denen diese Erkenntnis beruht – den wesentlichen Monotheismus des reinen Bewußtseins, und den relativen Monotheismus des ersten wirklichen Bewußtseins – wahrhaft zu begreifen und zu begründen.

22. SW XI, S.212.
23. SW XI, S.216.

Es sei hier zunächst nur kurz darauf hingewiesen, daß die Klärung der ersten fundamentalen Voraussetzung der Mythologie vom wesentlichen Monotheismus des reinen Bewußtseins auf dem Wege einer anspruchsvollen und tiefgehenden metaphysischen Spekulation stattfindet. Den Ausgangspunkt für eine nähere Bestimmung des Gottesbegriffes bildet der Begriff des Seienden, dieser „Begriff aller Begriffe",[24] wie sich Schelling selbst ausdrückt. Gott ist seinem Begriff nach das Seiende selbst, oder schlechthin das Absolute, da außer dem Seienden nichts ist, womit dieses in Beziehung stehen könnte. Das Seiende ist aber noch nicht das in Wirklichkeit Seiende, es ist noch nicht das wirkliche Sein. Selbstverständlich ist es darum nicht ein Nichts. Sofern es sein kann, ist es das Seinkönnende.[25] Das Seiende ist gleichsam außer und über dem Sein, und deshalb die Freiheit zu sein oder nicht zu sein, wirksam zu werden oder in der Ruhe zu bleiben. Die Freiheit, zu wirken oder nicht zu wirken, gehört aber nicht zur bloßen Materie, sondern macht das Wesen des Geistes aus. Als das unendlich Seinkönnende ist Gott seiend durch sein Wollen, denn es ist kein anderer unmittelbarer Übergang vom Seinkönnen zum Sein zu denken. Dieser Wille ist aber kein blindlings wirkender Wille, der mit Notwendigkeit ins Sein übergeht, sondern der freie Wille, der sich selbst besitzende Geist, der die Möglichkeit des immerwährenden Wirkens in sich schließt. Gott ist also nicht bloß das Seiende selbst, sondern das wahrhaft Seiende, er ist *to ontos on,* er ist das Seiende selbst, das auch im Sein nicht aufhört, das Seiende, d.h. Geist zu sein, das auch im Sein sich als Wesen, als Geist erhält.[26] Nach Schellings Meinung müßte diese Bestimmung dem Begriff des Seienden selbst hinzukommen, damit der Begriff ganz identisch mit dem Begriff Gottes werde.

Im Begriff Gottes unterscheidet Schelling drei Potenzen, die den Urformen alles Seienden entsprechen, und die das Mittel darstellen, durch das hindurch das göttliche Sein seine Einheit

24. SW XII, S.30.
25. SW XII, S.34.
26. SW XII, S.41.

verwirklicht.[27] Die erste Potenz, durch deren Trennung von den anderen der Prozeß der Verwirklichung des Geistes ausgelöst wird, besteht im nicht seienden Können, sie ist das reine Subjekt. Die zweite Potenz, die sich in der Überwindung der ersten verwirklicht, ist das Seiende ohne alles Können, sie ist das reine Objekt. Und zuletzt ist die dritte Potenz, auf die eigentlich der ganze Prozeß hinzielt, das Sein-sollende, die Subjekt-Objekt-Einheit. Der Monotheismus als Lehre vom Einzigen Gott, der seinesgleichen nicht hat, hat nur dann einen Sinn, wenn außer dem Einzigen Mehrere sind, d.h. wenn ein Verhältnis der Einheit zur Vielheit im Göttlichen besteht. Der Polytheismus ist dadurch ermöglicht, daß Gott Einer und Mehrere sein kann, d.h. daß jenes, was in der wesentlichen Einheit Gott selbst ist, als Potenzen getrennt werden kann.[28] Der Prozeß der Überwindung der getrennt gesetzten Potenzen ist von Gott selbst in Gang gesetzt. Gott läßt die drei Potenzen seines eigenen Seins deshalb aus- und gegeneinander treten, damit die Einheit, die er ist, als Wirkende in Erscheinung tritt.

Der theogonische Prozeß ist aber nicht nur ein Prozeß der Verwirklichung des Geistes, sondern auch ein kosmogonischer Prozeß, [29] der die Natur in der Mannigfaltigkeit ihrer Stufen hervorbringt und als ihr höchstes Erzeugnis das menschliche Bewußtsein, das Wesen des Menschen oder, wie Schelling öfters sagt, den ursprünglichen Menschen. Daraus folgt, daß das Gottesverhältnis des reinen Bewußtseins ihm von Natur eignet. In diesem Verhältnis befindet sich das Bewußtsein durch sein Hervorkommen, d.h. dadurch, daß die schöpferischen Potenzen der Natur zugleich diejenige Mächte sind, die dieses Bewußtsein konstituieren. Der Prozeß, in dem die mythischen Vorstellungen erzeugt werden, beruht nicht auf der Wirkung der Naturkräfte auf das Bewußtsein, sondern wird von diesem Bewußtsein selbst vollbracht. Und dennoch ist dieser Prozeß nicht ein bloß subjektiver,

27. Vgl. SW XII, S.46-47, 50-51, 54-58, 88-89, 113-115.
28. Vgl. SW XII, S. 103, 105 - 106.
29. SW XII, S. 109, 116, 119.

sondern auch ein objektiver Vorgang.[30] Er ist bewußtseinsimmanent, er spielt sich im Bewußtsein ab, aber seine Ursachen sind die Potenzen, aus deren Zusammenwirken die Natur hervorgegangen ist und die jetzt als vergeistigte Mächte aufs neue wirksam geworden sind. Deshalb erfährt das Bewußtsein seine eigene Bewegung als eine göttliche Bewegung, als eine Göttergeschichte.

Und nun noch ganz kurz zur Klärung der zweiten fundamentalen Voraussetzung der Mythologie vom relativen Monotheismus des ersten wirklichen Bewußtseins. In Bezug auf den verborgenen Anfang des sukzessiven Polytheismus, besteht Schelling darauf, der mythologische Prozeß sei eine ,,Wiederholung"[31] des kosmogonischen Prozesses. Nicht mehr und nicht weniger als eine Wiederholung. Man muß richtig verstehen, was das eigentlich bedeutet. Offenkundig wollte Schelling damit nicht den zweiten Prozeß dem ersten gleichsetzen. Ineins mit der Aufdeckung des grundsätzlichen Zusammengehörens der beiden Prozesse, hat er übrigens auf einen wichtigen Unterschied zwischen ihnen aufmerksam gemacht. Mit gewählten Worten bringt Schelling den Gedanken zum Ausdruck, daß der mythologische Prozeß den der Schöpfung „auf einer höheren Stufe" wiederholt, daß sich in ihm „gleichsam in einem höheren Reflex" dasjenige abspielt, was in der Schöpfung ,,auf einer früheren Stufe" erreicht wurde.[32] Und das heißt, daß die Mythologie den ,,Weg ins Menschliche"[33] frei setzt, indem sie den in der Natur bereits abgeschlossenen Kreis wieder eröffnet. Der wiederholte Streit der theogonischen Mächte im Bewußtsein, geht also über den gegenwärtigen Zustand der Natur hinaus.[34] Dieses Hinausgehen über die Natur, diese Entrückung des Menschen aus der Natur, dieser sein Übergang zur geschichtlichen Existenz, hat sich aber nicht unabhängig vom Menschen ereignet, sondern ist von ihm selbst vollbracht. Der mythologische Prozeß beruht auf einer Tat des Bewußt-

30. SW XII, S. 123 A l, 125 - 126.
31. SW XII, S. 127.
32. SW XII, S. 127, 127 A I.
33. ebd.
34. SW XII, S. 129 - 130. Vgl. auch S. 144.

seins, und ist nicht, wie der kosmogonische Prozeß, vom göttlichen Geist in Gang gesetzt.

Nach Schellings Meinung ist der ursprüngliche Zustand des Menschen schwankend, zufällig, zweideutig, also unentschieden in jeder Hinsicht.[35] Der Mensch ist der ruhende Wille, das an sich Gott-Setzende-Wesen, das ganz vom All-Einen erfüllte Bewußtsein, jedoch so, daß die Möglichkeit des Gegenteils vorhanden ist. Dieser Zustand kann nicht dauernd bleiben, der Mensch muß aus ihm hinaus, und zwar gemäß einem „Weltgesetz", das kein bloß zufällig Seiendes duldet, sondern vielmehr fordert, „daß nichts verborgen bleibe, alles offenbar werde, alles klar, bestimmt und entschieden sei".[36] Der Mensch ergreift nun die Gegenmöglichkeit, indem er die im reinen Bewußtsein liegende Einheit der göttlichen Potenzen aufhebt und die erste Potenz in Wirksamkeit setzt. Diese Tat des Bewußtseins ist nicht notwendig ein widergöttliches Tun, obwohl sie einen Kampf der Potenzen veranlaßt.[37] Jedenfalls ist diese Tat die unumgängliche Bedingung der Selbstverwirklichung des Bewußtseins. Das durch die eigene Tat veränderte Bewußtsein ist das mythische Bewußtsein, das erste wirkliche Bewußtsein der Menschheit. Von seiner eigenen Tat weiß freilich dieses Bewußtsein nicht. Die die Geschichte begründende Tat sinkt in ihm in eine unergründliche Tiefe zurück, so daß sie ihm nur noch als ein unabwendbares Verhängnis erscheint. Insofern bleibt das mythische Bewußtsein sich selbst rätselhaft, es vermag sich selbst nicht zu begreifen.

Damit glaubt Schelling den mythologischen Prozeß als vollkommen gerechtfertigt erwiesen zu haben. Dieser Prozeß ist ein „allgemeines Schicksal"[38], dem das ganze Menschengeschlecht unterworfen war. Die Mythologie ist nicht aus zufälli-

35. SW XII, S. 142.

36. ebd.

37. SW XII, S. 144 - 145, 152 - 154, 171 - 172. Vgl. auch S. 258 - 259.

38. Dieses Zitat aus der Philosophie der Offenbarung und die folgenden nach: Sämtliche Werke (K.F.A. Schelling) (Stuttgart und Augsburg: J.B. Cotta, 1858), 3. Band der II. Abteilung ist als XIII zitiert; hier S. 385.

gen, empirischen Voraussetzungen entstanden, sondern aus einer Wesensentscheidung des Menschen. Ihre letzte Wurzel ist jene ,,unvordenkliche Tat"[39], jene ,,ursprüngliche Katastrophe"[40] des menschlichen Bewußtseins, ohne welche es überhaupt keine Geschichte gäbe. ,,Denn die Geschichte, als eine neue Welt der Bewegung", sagt Schelling, ,,könnte gar nicht gesetzt sein, wenn nicht der Mensch jene Grundlage der Schöpfung, durch die alles zur Ruhe und zu einem ewigen Bestand gelangen sollte, aufs neue bewegt und erschüttert hätte. Ohne einen Ausgang aus dem ursprünglichen Paradies gäbe es keine Geschichte, darum ist jener erste Schritt des Menschen das wahre Urereignis, das Ereignis, das erst eine Folge von andern, d.h. die Geschichte, möglich machte".[41] Aus selbstverständlichen Gründen können wir im Rahmen dieses Interpretationsversuchs die verschiedenen Momente des mythologischen Prozesses am Beispiel der sukzessiven Mythologien der einzelnen Völker nicht nachweisen, obwohl Schelling das ganze zweite Buch der eigentlichen Philosophie der Mythologie dieser Aufgabe gewidmet hat.

39. SW XIII, S. 385.
40. SW XIII, S. 384.
41. SW XIII, S. 385.

10. MYTHOS ALS SYMBOLISCHE FORM

Der Versuch Ernst Cassirers, das Interesse für den Mythos neuerdings wiederzubeleben, hat einen ausgesprochen akademischen, wenn schon nicht einen schulmäßigen Charakter. Seine transzendental-philosophische Herkunft und Ausrichtung springt eigentlich unmittelbar in die Augen. Dieser Versuch steht im Dienst einer durchaus spezifischen philosophischen Fragestellung, er geht einem ganz bestimmten philosophischen Bedürfnis nach. Durch seine Zuwendung zum Mythos, durch seine Einbeziehung des Mythos in den philosophischen Gesichtskreis, glaubte Cassirer, daß er der Sache der Philosophie beisteht, daß er den Standpunkt Kants erweitert und ergänzt, daß er gewisse Schwierigkeiten und Mängel aus dem Wege schafft, die in der bisherigen philosophischen Entwicklung zutage gekommen sind. Im Gegensatz zu manchen hervorragenden Neukantianern, die an der Wende des vorigen Jahrhunderts von der Kantischen Erkenntniskritik verblendet waren, und die sich hauptsächlich auf die wissenschaftstheoretischen Fragen konzentriert haben, behauptete nun Cassirer, daß die Philosophie eine erheblich weitere Aufgabe hat, als man ihr beimaß, daß sie den ganzen Bereich des objektiven Geistes umfassen soll, und nicht nur einen Ausschnitt daraus, daß sie alle Formen des Weltverständnisses untersuchen muß, und nicht nur jene entwickelteste und unzweifelhafteste Form, die in der modernen Naturwissenschaft zum Ausdruck gekommen ist.

Als ein sensibler und neugieriger Kulturforscher, der seinen eigenen Weg gehen wollte, hatte Cassirer beständig die menschliche Kultur als Ganzes vor Augen und wies jeden Versuch zurück, zwischen den einzelnen Grundformen der Kultur eine unüberbrückbare Kluft auszugraben.[1] Er war tief davon überzeugt,

1. Vgl. insbesondere Sprache und Mythos (Leipzig: G.B. Teubner, 1925), bes. S. 6 - 7. Ähnlich Philosophie der symbolischen Formen I. Die Sprache (Berlin: B. Cassirer, 1923), S. 6,9,11,31,43.

daß es keine im voraus bestimmte hierarchische Ordnung zwischen diesen Formen gibt, daß keine von ihnen ein bloßes Durchgangsstadium darstellt, welches jene andere ermöglicht und vorbereitet. Jede Grundform der Kultur ist in der Tat etwas Besonderes, Eigentümliches, Eigenartiges, da jede von ihnen eine eigene Welt des Sinnes erschafft, da jede von ihnen eine besondere Richtung des Geistes ausdrückt, eine selbständige Art und Weise der Weltgestaltung bildet. Und gerade deswegen, weil Mythos, Sprache, Religion, Kunst und Wissenschaft gleichsam gleichberechtigt an der Ausbildung der geistigen Erfahrung teilnehmen, weil sie verschiedene Wege der Selbstoffenbarung des Geistes bezeichnen, weil durch sie der Geist seine schöpferische Kraft manifestiert, müssen alle diese Formen der Kultur einer gründlichen philosophischen Untersuchung unterzogen werden.

Mag es noch so richtig sein, daß Cassirer hauptsächlich von Kant ausgegangen ist, daß er ein treuer Nachfolger der hermeneutischen Prinzipien des Kantischen kritischen Standpunkts war, daß er seine wichtigste Aufgabe in der Erweiterung und Vertiefung des Forschungsansatzes des Kantischen transzendentalen Idealismus erblickte, muß doch zugestanden werden, daß die Philosophie der symbolischen Formen Cassirers nicht nur durch Kant angeregt wurde, sondern auch einigen anderen Einflüssen ihre Abkunft verdankt. In ihren tiefsten, untersten Schichten ist die Spur des Hegel'schen Einflusses besonders deutlich. Dies hat auch Cassirer selbst im Vorwort zum dritten Band seines Hauptwerkes ausdrücklich bestätigt.[2] Aus seinen Worten folgt unzweideutig, daß sein Verhältnis zu Hegel viel unmittelbarer war, als es auf den ersten Blick scheinen möchte, so daß die Verbindung der phänomenologischen mit der transzendentalen Methode vielleicht für seine Philosophie viel mehr charakteristisch wäre, als eine einfache Bevorzugung der letzteren. Insofern würde man nicht fehlgehen, wenn man behauptet, daß die *Phänomenologie des Geistes* für Cassirer in einem gewissen Sinne das Vorbild der Philosophie der symboli-

2. Philosophie der symbolischen Formen III. Phänomenologie der Erkenntnis (Berlin: B. Cassirer, 1929), S. VI - VII.

schen Formen gewesen ist. Und zwar deswegen, weil in der Phänomenologie zum ersten Mal der Gedanke klar ausgesprochen wurde, daß das Wahre nur im Ganzen, und nicht in seinen gesonderten, abgerissenen Teilen liegt, sowie auch der Gedanke, daß das Ganze der geistigen Formen nicht auf einmal zum Vorschein kommen kann, als ob es etwas im voraus Fertiges und Abgeschlossenes wäre, sondern nur allmählich, dank der Bewegung des Denkens, seinem Fortschreiten von einer Form zu den anderen.

Es sei noch nebenbei bemerkt, daß Cassirer in einer gewissen Beziehung auch zur Phänomenologie Husserls stand, und nicht nur zur Phänomenologie Hegels, obwohl es schwierig ist, von irgendeinem tieferen Einfluß Husserls auf ihn zu sprechen. Im Zusammenhang mit den Grundfragen, hat übrigens Cassirer nur einmal den Namen Husserls erwähnt, und zwar in einer Fußnote,[3] in der er behauptete, der größte Verdienst der Phänomenologie Husserls besteht darin, daß sie sich nicht auf die Erkenntnis beschränkte, sondern ihre Aufmerksamkeit auch ganz verschiedenen anderen geistigen Gebilden widmete, und dies hauptsächlich mit Hinblick auf ihre „Bedeutung", ohne Rücksicht auf die „Wirklichkeit" ihrer Gegenstände.

Kehren wir unsere Aufmerksamkeit doch endlich dem Versuch Cassirers über den Mythos zu, der im zweiten Band seiner *Philosophie der symbolischen Formen* unter dem Titel *Das mythische Denken* vorliegt. Sobald er die Beschränktheit und Einseitigkeit von Kants Erkenntnistheorie durchschaut hat, sobald er zur Einsicht gekommen ist, daß die Türe des Wirklichkeitsverständnisses nicht nur die menschliche Vernunft, sondern der menschliche Geist als Ganzes aufschließt, wurde sich dieser glühende Humanist völlig im klaren darüber, daß der Mythos ebenso der Philosophie angehört wie die Wissenschaft, wenn

3. Philosophie der symbolischen Formen II. Das mythische Denken (Berlin: B. Cassirer, 1925) (im folgenden zitiert mit PSF II), S. 16 A l. Über die philosophischen Filiationen und Affinitäten Cassirers vgl. Fritz Kaufmann, „Das Verhältnis der Philosophie Cassirers zum Neukantianismus und zur Phänomenologie", in: P.A. Schilpp (Hrsg.), Ernst Cassirer (Stuttgart: W. Kohlhammer, 1960), S. 566 - 612.

schon nicht noch mehr als diese letztere, daß die Frage nach dem Mythos eine der wichtigsten Fragen ist, die sich für die Philosophie überhaupt stellt. Und so ist die Kritik des mythischen Bewußtseins in den Mittelpunkt von Cassirers philosophischen Bemühungen gelangt, zu einem der bedeutendsten Teile seiner Kulturkritik geworden. Selbstverständlich handelte es sich dabei für Cassirer um etwas wesentlich Verschiedenes von dem, was der späte Schelling anstrebte. Er hatte keinen Sinn dafür, etwa im Horizont der Philosophie der Mythologie Schellings, nach dem letzten metaphysischen Grund des Mythos zu suchen, wie ihm auch der Gedanke fern lag, etwa im Gefolge der Altertumsforscher und Sozialwissenschaftler, nach den psychologischen, gesellschaftlichen und geschichtlichen Ursachen zu jagen. Er beschränkte sich auf eine bescheidene Aufgabe, er begnügte sich damit, die Funktionen des mythischen Bewußtseins im Hinblick auf die ihm relativ gleichbleibende „innere Form" kritisch zu beleuchten und zu analysieren.

Die philosophische Untersuchung der mythischen Denkform, welche Cassirer geliefert hat, leidet nicht an Überschwang des Gefühls, es gibt darin keine Spur von Begeisterung oder Berauschung am Mythos. Für einen strengen, zurückhaltenden und gemäßigten Betrachter, wie es dieser vielleicht letzte große Neukantianer war, kam der Mythos nur als ein Gegenstand der Neugier in Betracht, und nicht als ein Gegenstand der Bewunderung. Niemals und nirgendswo, nicht einmal in einer Andeutung, geschweige denn in entwickelter Form, hatte Cassirer ein Verständnis für die größte Entdeckung der Romantiker gezeigt, daß der Mythos die Wahrheit enthält, daß der Mythos als solcher wahr ist, daß die Wahrheit des Mythos gerade in seinem mythischen Charakter liegt. Obwohl er offen für alle möglichen Einflüsse und tolerant gegenüber allen möglichen Strömungen war, ist doch Cassirer taub und blind geblieben für die leidenschaftliche Versicherung der Romantiker, daß der Mythos ein zusammengesetztes Ganze der objektiven und notwendigen Vorstellungen ist, und nicht etwas Gemachtes und Erfundenes, daß die Welt des Mythos eine Wesensgeschichte des Bewußtseins darstellt, in der sich das Wechselspiel der göttlichen und menschlichen

Kräfte offenbart, und nicht irgendein willkürliches subjektives Erzeugnis der dichterischen Phantasie. Den größten Mangel des Mythos sah Cassirer vielmehr in demjenigen, was die Romantiker als seinen größten Vorzug rühmten. Er konnte überhaupt nicht mit ihnen darin übereinstimmen, daß der Mythos die Wahrheit von dem, was ist, verkündet, daß das mythische Bewußtsein die Welt erschafft, von der es Zeugnis ablegt, daß das mythische Sagen identisch ist mit dem, was es aussagt. Es störte ihn, daß der Mythos keinen deutlichen Unterschied zwischen Symbol und Realität macht, daß er seine Bilder nicht als gewöhnliche Bilder, sondern als das Wesen der Welt aufstellt.[4] Es schien ihm, daß der schwerste Fehler des Mythos gerade in dieser Gleichsetzung besteht, daß das sein schwächster Punkt, seine verletzbarste Stelle ist, denn auf diese Weise versklavt der Mythos den Menschen, anstatt sich darum zu bekümmern, den Menschen in die Ferne zu lassen, den Menschen für das freie Leben zu ermutigen.

In dieser ausgesprochen metaphysischen Neigung des Mythos, in diesem seinem leidenschaftlichen Trachten, das Wirkliche zu erreichen, in diesem seinem unerschütterlichen Glauben an die Realität der erdichteten Gestalten und Ereignisse, hat Cassirer keinen zufälligen, beiläufigen Zug, sondern das wesentliche, konstitutive Kennzeichen des mythischen Bewußtseins gesehen. Er hielt es für sicher, der Mythos würde ohne diesen Glauben seinen Anhaltspunkt verlieren, dieser Glaube sei eine notwendige Bedingung seines Bestehens. Fest davon überzeugt, daß der Mythos ernst meint, was er sagt, verwarf Cassirer jeden Gedanken daran, der Mythos könnte in irgendwelche unmittelbare Verbindung mit der Kunst gebracht werden. Obwohl er ganz genau wußte, der Mythos sei der Dichtung nahe verwandt, obwohl er sogar ausdrücklich zugab, das mythische Sagen sei das Vorbild des dichterischen Sagens, konnte er jedoch nicht damit einverstanden sein, jeden Unterschied zwischen Mythos und Kunst zu verwischen. Unter Berufung auf Kant, dem er die Einsicht verdankte, die Kunst sei vollkommen gleichgültig gegen die Seinsfrage, die Kunst

4. PSF II, S. 47 - 48, 293.

frage überhaupt nicht nach der Wirklichkeit ihrer Gegenstände, behauptete Cassirer mit besonderem Nachdruck, daß der Mythos beträchtlich näher zur Wissenschaft als zur Kunst stehe, da die Wissenschaft derselben Aufgabe nachkommt, wie der Mythos, da sich die Wissenschaft ebenso darum bemüht, die Wirklichkeit zu erreichen.[5] Mit dem alleinigen Unterschied freilich, daß der Mythos an die Wirklichkeit mit anderen, ungeeigneten, zweckwidrigen Mitteln herantritt, so daß er nie Glück hat in dem, was er bestrebt. Insofern bleibt sein theoretischer Anspruch eine bloße Einbildung.

Auf verschiedene Weise und unter verschiedenen Umständen, sowohl in seinem Hauptwerk, wie auch in seinen anderen, kleineren Schriften, wiederholt Cassirer unermüdlich, daß das Wesensmerkmal des Mythos in seiner emotionellen Herkunft und seiner moralisch-praktischen Ausrichtung liegt.[6] Der Mythos ist hoffnungslos mit Wertgehalten imprägniert, sein reales Substrat bilden die Gefühle, nicht die Gedanken, seine Funktion besteht in der Herstellung einer Lebensgemeinschaft, in der Entfaltung und Festigung vom Zusammengehörigkeits- und Solidaritätsgefühl zwischen den Angehörigen einer gesellschaftlichen Gruppe, wie auch zwischen ihnen und den kosmischen Mächten, und nicht im Pflegen und Übertragen von objektiven Kenntnissen von unserer Lebenswelt, in der Abgrenzung der Wahrheit gegen den Schein. Der Mythos hat keinen theoretischen Wert, seine Aufgabe liegt nicht darin, irgendwelche Erscheinungen zu erklären, sondern bestimmte Gefühle zu erwecken und das menschliche Handeln in eine bestimmte Richtung zu lenken. Die Welt des Mythos ist der Schauplatz eines äußerst dramatischen Geschehens. Das ist die Welt der großen inneren Spannungen, Bewegungen, Gegensätze. In ihm ist alles von einer besonderen Atmosphäre umgeben, in ihm wechseln jäh die verschiedensten Stimmungen ab: Lust verdrängt Unlust, Begeisterung überläßt ihre Stelle der Angst, Jauchzen geht in Bedrücktheit über. Oder richtiger: die

5. An Essay on Man (Garden City, N.Y.: Doubleday, 1956), S. 101. Vgl. auch PSF II, S. 35.

6. PSF II, S. 216 - 217. Ähnlich An Essay on Man, S. 108 - 111.

mythische Phantasie belebt die ganze Natur, für sie ist nichts tot, neutral oder gleichgültig. Alle Gegenstände sind gut oder böse, freundlich oder unfreundlich, anziehend oder abstoßend, wohlwollend oder drohend. Dieses betonte Interesse des Mythos am Seienden im Ganzen ist ein klares Zeugnis seiner ausgesprochenen emotionellen Herkunft und Ausrichtung.

Gemeinsam mit Durkheim und seiner soziologischen Schule, verweist Cassirer auch auf den gesellschaftlichen Charakter des Mythos. Seiner Meinung nach ist der Mythos die wichtigste Form des kollektiven Bewußtseins, in ihm findet ihren Niederschlag die tiefste Lebenserfahrung vieler Generationen, sein Gehalt ist das Endprodukt und die verdichtete Projektion des gemeinschaftlichen Menschenlebens.[7] Freilich fügt Cassirer gleich hinzu, daß der Mythos kein System von Dogmen ist, daß sein Wesen nicht nur aus Bildern und Vorstellungen besteht. In der Tat betont der Mythos viel mehr die praktische als die theoretische Seite, er sorgt viel mehr für die Tat als für die Kontemplation. Gegen diese Feststellung kann man nichts einwenden; sie scheint vielmehr vollkommen berechtigt, weil der Ritus dem Dogma vorangeht sowohl in historischer als in psychologischer Hinsicht. Insofern hat Cassirer Recht, wenn er behauptet, die wissenschaftliche Erforschung des Mythos müsse sich mit der mythischen Lebensweise im ganzen befassen, und nicht nur mit den mythischen Anschauungen und Glaubensartikeln.

Obwohl aber der Mythos im Grunde irrationell ist, weil er viel mehr in der Sphäre des Gefühls und des Willens als in der Sphäre des Denkens wurzelt, ist sein Gesicht doch nicht völlig dunkel, undurchsichtig und unfaßbar. Zum mindesten folgt daraus nicht, daß der Mythos in sich chaotisch ist, daß das mythische Sagen jeder festen inneren Struktur entbehrt. Cassirer läßt keinen Zweifel darüber, daß die Welt des Mythos gewissen allgemeinen Gesetzen und Regelmäßigkeiten unterworfen ist, daß

7. PSF II, S. 237. Vgl. auch An Essay on Man, S. 106. Ähnlich hat auch Arnold Gehlen darauf aufmerksam gemacht, daß der Mythos ein „Sagen an sich" sei, d.h. ein Sagen, das von Namenlosen zu Namenlosen geht. Vgl. Urmensch und Spätkultur (Frankfurt/M: Athenäum, 1964), S. 222, 229.

diese Welt ebenso geordnet und übersichtlich ist, wie die Welt der Wissenschaft.[8] Nicht nur, daß der Mythos nichts Willkürliches kennt, daß er keinen Unfug und keine Gesetzlosigkeit duldet, vielmehr leidet der Mythos an einer gewissen Hypertrophie des kausalen „Instinkts" und des Bedürfnisses nach der kausalen Erklärung. Wie die Wissenschaft danach strebt, die Hierarchie der Gesetze herzustellen, die Beziehungen zwischen Ursache und Folge systematisch festzulegen, ebenso bemüht sich der Mythos, die Hierarchie der kosmischen Mächte und der göttlichen Gestalten zu errichten. Letzten Endes gibt es keine besonderen, eigenartigen, abgesonderten Wahrnehmungs- und Denkformen, welche nur dem mythischen Bewußtsein eigen wären. Der Mythos bedient sich eigentlich derselben Grundkategorien wie die Wissenschaft. Der Unterschied besteht nur in der Gebrauchsweise dieser Kategorien, in ihrem „Tönen", in ihrer Modalität. Oder richtiger: es unterscheidet sich der Mythos von der Wissenschaft nur dadurch, daß er auf eine andere Weise die Mannigfaltigkeit der sinnlichen Eindrücke in ein gegenständliches Ganzes verknüpft, daß er auf eine andere Weise die Einheit der mannigfaltigen und untereinander entgegengesetzten Sinneselemente zustande bringt.

Jedenfalls dachte Cassirer nicht, Mythos und Logos wären so dicht aneinander gebunden, daß der Gebrauch derselben Grundkategorien ihre Eigenart und Besonderheit bedrohen könnte. Es scheint vielmehr, daß er durchaus besser dasjenige aufgefaßt hat, was diese zwei Arten des Sagens trennt, als dasjenige, was sie verbindet. Zum Unterschied vom logisch-diskursiven Denken, welches eine kritische Stellung seinem Gegenstand gegenüber einnimmt, welches an seinen Gegenstand herantritt, indem es nach dessen Grund fragt, welches das Dauernde vom Vorübergehenden, das Notwendige vom Zufälligen, das Wesentliche vom Nebensächlichen löst, lebt das mythische Denken im Schatten des Gegenstandes, mit dem es sich befaßt. Es steht vollkommen

8. PSF II, S. 63 - 64, 78 - 79, 81, 95 - 96. Zum Folgenden vgl. auch Die Begriffsform im mythischen Denken (Leipzig: B.G. Teubner, 1922), S. 16 - 18, 29 - 31.

in dessen Gewalt, es ist unmittelbar von ihm besessen, es befindet sich unter dem unmittelbaren Druck seiner Gegenwärtigkeit. Das mythische Denken kann nicht die Sinneseindrücke überprüfen und ordnen, und noch weniger weiß es, das empirische Material unter ein im voraus vorbereitetes rationales Schema unterzubringen. Der Mythos kennt nicht den Satz vom Grunde. In seinem Rahmen gilt als das Wahre dasjenige, was sich den Sinnen von außen aufdrängt, und nicht dasjenige, was der Verstand spontan aus sich produziert, so daß jeder Sinneseindruck etwas Einzigartiges und Unvergleichbares darstellt, was ausschließlich sich selbst gehört, was unabhängig von allem anderen ist. Wenn der Mythos überhaupt Anspruch auf die Allgemeinheit seines Sagens erhebt, und er tut es, insofern die Sinneseindrücke, welche seine Phantasie belagern, in letzter Linie ein abgeschlossenes Ganzes bilden, dann ist diese seine Allgemeinheit wesentlich verschieden von der Allgemeinheit, welche im logischen Begriff zum Ausdruck kommt.

Mit besonderem Nachdruck verweist Cassirer auf das Verhältnis zwischen Mythos und Religion. Seiner Meinung nach ist das mythische Bewußtsein im Grunde identisch mit dem religiösen Bewußtsein. An Stelle der Unterscheidung zwischen „Wahrheit" und „Schein", von der das logisch-diskursive Denken ausgeht und auf der es beruht, ist für das mythische Bewußtsein von ausschlaggebender Wichtigkeit die Unterscheidung zwischen dem „Heiligen" und dem „Profanen", zwischen dem „Geweihten" und dem „Alltäglichen".[9] Diese Einteilung des Seienden in die Sphäre des „Jenseits" und des „Diesseits", in die Sphäre der „Transzendenz" und der „Erfahrung", auf der das mythische Bewußtsein so hartnäckig besteht, hat freilich keine räumliche Bedeutung, und ist überhaupt nicht scharf und unwandelbar. Diese Einteilung ist rein qualitativ. Und das bedeutet, daß jedes Ding, jede Erscheinung der kosmischen oder gesellschaftlichen Ordnung, sogar jeder Inhalt des alltäglichen Lebens, das Kennzeichen des „Heiligen" bekommen kann, insofern etwas davon

9. PSF II, S. 97 - 98, 102, 105. Zu dieser Unterscheidung vgl. Mircea Eliade, Le Sacré et le Profane (Paris: Gallimard, 1965).

das Interesse des mythischen Bewußtseins an sich zieht, insofern es in den Gesichtskreis des mythischen Menschen hereinkommt.

In seiner Erörterung der „Dialektik" des mythischen Bewußtseins zeigt Cassirer ganz deutlich, daß das Verhältnis zwischen Mythos und Religion viel verwickelter ist, als es diejenigen glauben, welche jeden Unterschied zwischen ihnen vernachlässigen. In der Tat war der Mythos nur am Anfang mit der Religion unzertrennbar verbunden, in der frühesten Phase der Kulturentwicklung. Es gibt keine geschichtliche Religion, die unabhängig vom Mythos entstanden ist, die schon von Anfang an unmythisch war. Es wäre sogar schwer sich vorzustellen, daß eine solche Religion hat überhaupt bestehen können, denn das wäre nur eine leere Abstraktion oder ein bloßes Schattenbild der Religion. Der Mythos ist eine unumgängliche Voraussetzung und eine unerschöpfliche Quelle der religiösen Bilder und Vorstellungen. Auf einer höheren Stufe der Entwicklung schlägt aber die Religion den eigenen Weg ein, und befreit sich allmählich von der mythischen Vormundschaft. Das religiöse Bewußtsein verselbständigt sich zunächst derart, daß es eine kritische Haltung gegen die mythischen Bilder und Vorstellungen einnimmt: es bedient sich noch weiter ihrer, aber wohl wissend, daß es nur Symbole sind.[10] Später beginnt die Religion einen offenen Kampf gegen ihren mythischen Grund und Ursprung, sie verwirft bewußt die mythische Überlieferung, um sich als negative Mystik dem Absoluten möglichst dicht anzunähern. Auf der höchsten Entwicklungsstufe erscheint die Religion als eine besondere, vom Mythos vollkommen verschiedene Kulturform, in welcher der rein sinnhafte Inhalt die einstige bildliche Darstellung dieses Inhalts durchaus verdrängt hat.[11]

Diese anscheinend zutreffende Betrachtung Cassirers über das Verhältnis zwischen Mythos und Religion birgt in sich aber gewisse fragwürdige Annahmen, wie übrigens auch seine Betrachtung über den Mythos im allgemeinen. Und zwar ungeachtet dessen, daß Cassirers kritischer Einblick in die gegenseitige Ab-

10. PSF II, S. 294.
11. PSF II, S. 306 - 307.

hängigkeit, aber auch wesentliche Verschiedenheit zwischen dem mythischen und dem religiösen Bewußtsein viele andere Erklärungsversuche dieses Verhältnisses übertrifft. Zum mindesten bleibt es unklar und strittig, ob der Mythos wirklich ein notwendiges Durchgangsstadium auf dem Wege zur Religion ist, ob der Mythos unumgänglich vor der Religion zurückweichen, ob der Kampf zwischen Mythos und Religion unvermeidlich mit dem Sieg der letzteren enden muß.[12]

Cassirer war eigentlich auch in vielen anderen Punkten nicht genügend sorgsam, so daß bei ihm völlig unklar bleibt, was für einen Sinn die in der letzten Zeit unglaublich populär gewordene Rede vom „politischen Mythos" hat. Nicht nur, daß es schwierig ist, zu entdecken, worin die strukturelle Verwandtschaft zwischen den archaischen mythischen Sagen und den modernen politischen Ideologien bestehen sollte, sondern es ist ebenso schwer einzusehen, warum die modernen politischen Ideologien überhaupt als Mythen angesehen werden sollten, warum ihnen überhaupt der mythische Status zugeschrieben werden müßte. Besonders wenn man dasjenige vor Augen behält, was Cassirer selbst über den Ursprung und die Natur dieser modernen Gebilde gesagt hat.[13] Seiner Meinung nach haben nämlich die politischen Mythen ein profanes, nicht ein sakrales Merkmal, sie befassen sich mit menschlichen, nicht mit göttlichen Dingen. In ihnen werden absurdeste Anforderungen in Bezug auf das menschliche Verhalten gestellt, werden unwahrscheinlichste Vorhersagen über das menschliche Morgen vorgelegt, wird die Ankunft des tausendjährigen Reiches auf Erden gepredigt. Ihre einzige Aufgabe ist es, alle Kulturwerte zu entlarven, den Menschen von jeder persönlichen Verantwortung loszulösen, den Boden für die ungestörte Herrschaft einer Minderzahl über die riesige Mehrzahl der Menschheit vorzubereiten. Die modernen politischen Mythen sind keine urwüchsigen, wilden Früchte

12. Vgl. dazu Wilbur M. Urban, „Cassirers Philosophie der Sprache", in P.A. Schilpp (Hrsg.), Ernst Cassirer, S. 300.

13. Das Folgende nach: The Myth of the State (New Haven: Yale Universitiy Press, 1946), S. 286, 288 - 289.

der Phantasie, sondern wohlbedachte, künstliche Produkte des Machtwillens.[14] Im Zeitalter des gewaltigen Fortschritts der Technik und Industrie werden die Mythen auf dieselbe Weise produziert wie alle anderen modernen Werkzeuge. Freilich bemerkt Cassirer dabei ausdrücklich, daß der Durchbruch der modernen politischen Mythen das Zeichen einer tiefen Krise des modernen Rationalismus ist, daß diese Mythen eigentlich verzweiflungsvolle Mittel sind, zu denen der Mensch Zuflucht nimmt, wenn er sich in einer verzweiflungsvollen Lage befindet.[15] Je schwieriger und hoffnungsloser die menschliche Lage ist, desto größer das Bedürfnis nach dem Mythos. Wenn die Vernunft versagt, wenn man sich nicht mehr auf das besonnene, kritische Denken verlassen kann, dann bleibt noch immer der Glaube an die Macht des Wunders und der Mysterien. Mit Hinblick auf diese im großen und ganzen richtigen Einsichten Cassirers, drängt sich unumgänglich die Frage auf: gibt es überhaupt irgendwelche mythische Elemente in den modernen politischen Ideologien, ist dasjenige, was in diesen Gebilden zu Worte kommt, wirklich das mythische Sagen?

Der weitaus größte und schwerste Mangel der Mythosauffassung Cassirers liegt aber in seinem typisch aufklärerischen Vorurteil, in seinem leichtsinnigen Dafürhalten, daß der heutige Mensch ungehindert an den Mythos herantreten kann, daß die mythische Welt keine geheimnisvollen und rätselhaften Züge hat, die dem nüchternen Blick dieses Menschen kaum zugänglich sind. Sagen wir es so: die Mythosauffassung Cassirers ist allzuviel aufgeklärt, sie respektiert keine hermeneutische Grenze, vor der sich der im Lichte des Logos stehende Mensch zurückhalten muß, wenn er dem Mythos nachzugehen versucht, sie weiß Antwort auf alles zu geben, nur nicht auf die Frage nach den Anfangsgründen des schöpferischen Prozesses der Selbsterzeugung der mythischen Bilder und Vorstellungen im Bewußtsein, welches von göttlichen Mächten beherrscht ist. Es erübrigt sich fast voll-

14. a.a.O., S. 282.
15. a.a.O., S. 279.

kommen, darauf aufmerksam zu machen, daß die Philosophie der symbolischen Formen bedeutend weniger dem Mythos gerecht geworden ist, als sie es versprochen hatte.

11. DIE EIGENART DES WISSENSCHAFTLICHEN WELTVERHÄLTNISSES

Die Wissenschaft ist eine außerordentlich wichtige Kulturmacht, der kaum eine andere beigeordnet, geschweige denn gleichgesetzt werden kann. Vielleicht ist sie sogar die wichtigste, obwohl zugleich die fragwürdigste aller bisher aufgetretenen Kulturmächte. Jedenfalls ist sie die Grundlage der modernen aufgeklärten Kultur. Im Laufe der Kulturgeschichte ist die Wissenschaft beträchtlich später als der Mythos entstanden, und zwar im rücksichtslosen Kampf gegen seine unumschränkte Herrschaft. Wie der Mythos selbst ist die Wissenschaft auch eine Kulturmacht im emphatischen Sinne des Wortes - sie bestimmt das Weltverhältnis des Menschen, und nicht irgendwelche belanglose Kleinigkeiten innerhalb des jeweiligen Lebensbereiches, sie stellt eine wesentliche menschliche Existenzmöglichkeit dar.[1] Als eine grundsätzlich auf die vernünftige Selbständigkeit hinzielende Kulturveranstaltung, bewegt sich die Wissenschaft in einem ganz anderen Element als der Mythos, ja sie steht im äußersten Gegensatz zum Mythos. In ihr kommt der kritische Geist der Aufklärung zum Vorschein, sie wird mit Recht als eine gewichtige Errungenschaft dieses Geistes angesehen, wenn schon nicht als seine höchste Ausprägung, als seine vorbildliche Verkörperung.

Im großen und ganzen ist die Wissenschaft ein geschichtlich bewährter Standort der Besinnung auf die menschliche Freiheit. Oder zum mindesten bekommt durch das Vorkommen der Wissenschaft die Tendenz auf möglichst vollkommene Befreiung des Menschen einen entschiedenen Anstoß. Dieser Prozeß erfolgt dank dem Umstand, daß die Wissenschaft eine zuverlässigere, umfänglichere und tieferdringende Erkenntnis der umweltlichen Dinge bewirkt. Die Wissenschaft befreit den Men-

1. Vgl. Jürgen Mittelstraß, Die Möglichkeit von Wissenschaft (Frankfurt/M: Suhrkamp, 1974), S. 30 - 31.

schen vom mythischen Zauber, indem sie die Vernunftaufgabe aufnimmt. Durch die Wissenschaft wird der Mensch nicht nur von den falschen Eindrücken im einzelnen, sondern auch von der falschen Übermacht des Seienden im allgemeinen befreit. Die Wissenschaft ist äußerst mißtrauisch gegen alle „Offenbarung", gegen alles, was die Grenzen der endlichen menschlichen Vernunft übersteigt, sie verläßt sich nur auf die eigene Einsicht, auf dasjenige, was vernünftig erklärt und begründet werden kann. Nichts ist der Wissenschaft so fremd, als die blinde Unterwerfung unter göttlichen Mächte, nichts ist so weit von ihren Bemühungen entfernt, als die religiöse Ergriffenheit und der kritiklose Glaubensgehorsam. Daher ist die Wissenschaft, am Mythos gemessen, schlechthin atheistisch.[2]

Freilich gilt diese Kennzeichnung nicht in demselben Maße für alle geschichtlichen Erscheinungsformen der Wissenschaft. Für die griechische Wissenschaft z.B., die eine gegebene, immerwährende, an sich seiende Ordnung der Dinge voraussetzte und in dieser Ordnung den Maßstab ihres Denkens erblickte, ist diese Kennzeichnung sogar völlig unangebracht. Eine dem Atheismus vollkommen anheimgefallene Kulturtätigkeit ist die Wissenschaft erst in der Neuzeit geworden.[3] Und auch hier nicht von Anfang an, sondern erst in einer späten Phase ihrer Entwicklung, nachdem die Tendenz auf vollkommene Verselbständigung des Menschen zur Preisgabe jeder Bindung des Denkens an einen objektiv seienden Maßstab geführt hat. Selbstverständlich nehmen wir dabei die Wissenschaft in unmittelbarem Zusammenhang mit der Philo-

2. Vgl. hierzu das ungemein Treffende bei Max Weber, „Wissenschaft als Beruf", Gesammelte Aufsätze zur Wissenschaftslehre (Tübingen: J.C.B. Mohr/P. Siebeck, 1922), bes. S. 545 - 555. Zu den Ausführungen im Text vgl. auch Gerhard Krüger, Grundfragen der Philosophie (Frankfurt/M. V. Klostermann, 1965), S. 152 - 154.

3. Über den Unterschied zwischen der griechischen und der modernen Wissenschaft mit Hinblick auf den Unterschied in der sprachlichen Welterfahrung des griechischen und des modernen Menschen vgl. Hans-Georg Gadamer, Wahrheit und Methode (Tübingen: J.C.B. Mohr / P. Siebeck, 1965), S. 430 - 432. Vgl. auch die Kritik, die Gadamer an Krügers Zuspitzung des Gegensatzes zwischen dem griechischen und dem modernen Denken geübt hat, a.a.O., S. 118 A.3.

sophie, und nicht unabhängig davon, da nicht nur der Anfang, sondern auch die Entwicklung der Wissenschaft tausendfach mit dem Anfang und der Entwicklung der Philosophie verbunden ist. In der Zeit ihrer höchsten Blüte war die griechische Wissenschaft eigentlich ein unabtrennbarer Teil der griechischen Philosophie, und die neuzeitliche Wissenschaft ist erst seit kurzer Zeit von Grund aus unphilosophisch geworden, weil sie in diesem Jahrhundert einem tiefgreifenden Strukturwandel unterlegen ist.

Wegen solcher geschichtlichen Wandlungen und Schwankungen, auf die wir hier nicht weiter eingehen können, ist es offenkundig sehr schwer, von der Wissenschaft im allgemeinen zu sprechen. Ja, es ist fraglich, ob es überhaupt einen Sinn hat, irgendwelche verallgemeinerte Thesen über die Wissenschaft als solche aufzustellen. Es gibt keine Wissenschaft im allgemeinen, außerhalb von Raum und Zeit, sondern nur die Wissenschaft einer bestimmten geschichtlichen Epoche. Und dennoch ist die Situation nicht ganz hoffnungslos, wie es auf den ersten Blick scheinen möchte. Wenn man davon ausgeht, daß die Wissenschaft in einer Gegenwendung gegen den Mythos entstanden ist, daß sie eine radikale Alternative zum Mythos darstellt, dann setzt man schon irgendwie voraus, daß es etwas Gemeinsames gibt, was jedem konkreten Wesensentwurf der Wissenschaft zugrunde liegt, was allem Auseinandergehen der Wissenschaftskonzeptionen vorangeht, was trotz allem Wandel der historischen Selbststilisierungen der Wissenschaft beständig bleibt. In massiver Vereinfachung läßt sich dieses Gemeinsame vielleicht am zweckmäßigsten auf die Formel von der Verwirklichung der Vernunft zusammenbringen.[4] Die Wissenschaft als besondere Kulturtätigkeit geht Hand in Hand mit der Entfaltung eines freien, auf der Vernunft beruhenden Weltverhältnisses, ja sie fällt mit der Pflege einer methodischen, grundsätzlich unbefangenen Erforschung der umweltlichen Dinge zusammen. Dieser Grundzug der aufgeklärten Loslösung vom mythischen Schein ist das Pfand der Wissenschaftlichkeit der Wissenschaft als solcher.

4. Jürgen Mittelstraß, Neuzeit und Aufklärung. Studien zur Entstehung der neuzeitlichen Wissenschaft und Philosophie (Berlin: W. de Gruyter, 1970), S. 207. (Im Folgenden unter der Sigel NA zitiert.)

Damit wir uns aber nicht in den geschichtlich undifferenzierten Verallgemeinerungen verlieren, und dadurch jede Möglichkeit eines adäquaten Zugangs zum gegenwärtigen Phänomen der Verwissenschaftlichung verschließen, empfiehlt es sich doch, daß wir die Idee der Wissenschaft zunächst am Beispiel ihrer neuzeitlichen Ausprägung exponieren, daß wir dieser Idee auf dem Hintergrund ihrer neuzeitlichen philosophischen Verkleidung auf die Spur kommen. Diese Einschränkung wird sowohl die zutreffende Vorbereitung dazu liefern, daß wir uns sofort auf die Erörterung des schon erwähnten Strukturwandels der neuzeitlichen Wissenschaft, durch den diese menschliche Existenzmöglichkeit ins Äußerste gedrängt wurde, konzentrieren können.

Die Wissenschaft, an die wir heute zunächst und vor allem denken, wenn wir von wissenschaftlichen Erfolgen und Errungenschaften reden, ist ein spezifisches Produkt der Neuzeit. Sie hat sich unter dem Schirm der neuzeitlichen Philosophie durchgesetzt, und als ihr wirklicher Anfang wird die epochale Leistung Galileis bezeichnet. Für diese Wissenschaft ist es charakteristisch, daß sie sich als die alleinige Richtschnur des menschlichen Lebens konstituiert, indem sie alle anderen Sinnmächte des Daseins aus ihrer bisherigen Führungsrolle verdrängt. Diese ihre Sonderstellung rechtfertigt die neuzeitliche Wissenschaft damit, daß sie keine andere als die methodisch gesicherte, d.h. in der „Arbeit des Begriffs" ermittelte Wahrheit kennt und anerkennt. Dabei ist wichtig zu beachten, daß die neuzeitliche Wissenschaft keinen Anspruch auf irgendwelchen dogmatischen Wissensbesitz erhebt, daß sie von keinem unbändigen Wunsch erfüllt ist, die aufgelöste dogmatische Weltsicherheit auf einer höheren Stufe zu wiederholen. Vielmehr hat diese Wissenschaft jeden Gedanken an ein geschlossenes Weltbild hinter sich gelassen und sogar als eine schwere Täuschung der Frühzeit gestempelt. Sie wird nicht so sehr durch die Kenntnisse, die sie erworben hat, bestimmt, als durch die Methode, vermittels derer diese Kenntnisse gesucht werden können.[5]

5. Karl R. Popper drückt sich so aus: „It is not his possession of knowledge, of irrefutable truth, that makes the man of science, but his persistent and recklessly critical quest for truth". Vgl. The Logic of Scientific Discovery (London: Hutchinson, 1959), S. 281.

Als eine freie Tätigkeit, welche die Wahrheit selbständig produziert und nicht mehr einer geoffenbarten Wahrheit dient, ist die Wissenschaft auf die Forschung angewiesen. Diese Ausrichtung auf Forschung ist nicht ein zufälliges, nachträglich hinzugekommenes Merkmal dieser Wissenschaft, sondern ihr integrierender Teil. Sie ist eigentlich mit der Forschung im Grunde identisch.[6] Die neuzeitliche Wissenschaft will nicht mehr und nicht weniger als die umweltlichen Dinge methodisch erforschen, sie versteht sich selbst nur noch als Forschung. In ihr kommt alles auf die Nachprüfung bestimmter begrifflicher Vorwegnahmen in der Erfahrung, d.h. in der zum Experiment gesteigerten Beobachtung, an. Dadurch erhebt sich diese Wissenschaft entschieden über den blinden Andrang des Seienden und versichert ausdrücklich die Wahrheit der Erkenntnisse, nach denen sie sucht. Anstatt passiv auf das Sich-Eröffnen des Seienden zu warten, um einer an sich gegebenen und unwandelbaren Ordnung zu entsprechen, übernimmt die Wissenschaft die Initiative, sie tritt souverän dem Seienden gegenüber, indem sie die sinnlichen Erscheinungen zum bloßen Material ihrer Fragestellungen herabsetzt. In der Konsequenz einer solchen Grundeinstellung, entfernt sich die Wissenschaft unwiederbringlich nicht nur vom Mythos, sondern auch von der unmittelbaren, vorwissenschaftlichen Lebenswelt, ja sie verliert jeden objektiven Wirklichkeitsbezug und dadurch setzt sie den Menschen der furchtbaren Gefahr aus, einer vollkommenen Weltentfremdung[7] zu verfallen.

Daß diese Wissenschaftskonzeption mit der neuzeitlichen Metaphysik der Subjektivität eng zusammenhängt, oder vielmehr daß sie mit der Auslegung des Menschen als der Bezugsmitte des Seienden ineins zusammenfällt[8], liegt auf der Hand. Nur dank dem

6. Das Folgende nach: Martin Heidegger, „Die Zeit des Weltbildes", Holzwege (Frankfurt/M: V. Klostermann, 1950), S. 71 - 77. Vgl. auch Walter Schulz, Philosophie in der veränderten Welt (Pfullingen: G. Neske, 1974), S. 91 - 96.

7. Vgl. Hannah Arendt, Vita activa (Stuttgart: W. Kohlhammer, 1960), S. 249: „Weltentfremdung und nicht Selbstentfremdung, wie Marx meinte, ist das Kennzeichen der Neuzeit".

8. Martin Heidegger, a.a.O., S. 80 - 81. Vgl. auch Edmund Husserl, Die

Umstand, daß die neuzeitliche Philosophie die unerschütterliche Grundlage in der Selbstgewißheit des denkenden Ich gefunden hat, konnte die abendländisch-europäische Wissenschaft den überlieferten griechischen (und den damit zusammenhängenden scholastischen) Weg aufgeben und eine neue Bahn einschlagen. Wie tief die Entstehung der neuzeitlichen Wissenschaft mit der erwachten philosophischen Spekulation verwoben ist, zeigt ganz deutlich schon Galilei, dessen Physik viel mehr das Ergebnis einer erkenntnistheoretischen als einer physikalischen Neubesinnung ist.[9] Das ungeheure Pathos der Neuheit spricht übrigens aus allen wichtigen philosophischen und wissenschaftlichen Werken des 17.Jahrhunderts: die neuzeitliche Wissenschaft ist stolz darauf, daß sie mit der griechischen radikal gebrochen hat. Freilich bildet sich diese Wissenschaft nicht mehr ein, das Wesen der Dinge erschließen zu können. Die Wesensfrage ist für sie gleichgültig geworden. Die neuzeitliche Wissenschaft begnügt sich mit einem rein nominalistischen Vorgehen, indem sie jeden Rückgang auf irgendwelche Substanzen als Substraten der Erscheinungen ablehnt.[10] Sie versteht das Erschlossene von vornherein als ihren eigenen theoretischen Entwurf, nicht mehr als etwas, was dem Seienden an sich entspricht.

In diesem grundsätzlich unabgeschlossenen Forschungsprozeß, durch welchen die Wissenschaft der Sache des Denkens nachgeht, gibt es keinen Platz für Willkür irgendwelcher Art. Als eine ausgesprochen aufgeklärte Tätigkeit, die auf ein weitgelegtes Ziel ausgerichtet ist, beruht die Wissenschaft auf einer genau bestimmten Methode. Sie versichert die Wahrheit ihrer Kenntnisse dadurch, daß sie schärfste Kontrollierbarkeit mit der größtmöglichen Exaktheit verbindet. Allerdings handelt es sich dabei nicht nur um eine Steigerung und Erweiterung gewisser methodischer Anforderungen, die schon in der Wissenschaft der aristotelisch-scholastischen Tradition eine bedeutende Rolle spielten, sondern um deren wesentliche Umprägung. Nichts ist so charakteristisch für die neu-

Krisis der europäischen Wissenschaften und die transzendentale Phänomenologie (Den Haag: M. Nijhoff, 1962), S. 70 - 71.

9. Ähnlich Jürgen Mittelstraß, NA, S. 194.

10. Jürgen Mittelstraß, NA, S. 198.

zeitliche Wissenschaft als ihre experimentelle Ausrichtung, d.h. ihre Bemühung, den Begründungszusammenhang in Richtung eines streng experimentellen Verfahrens zu lenken.[11] Auf diese Weise bringt sie zum ersten Mal logische Kriterien und Erfahrung in ein festes Bündnis zusammen. Die Fruchtbarkeit der experimentell bestätigten Ergebnisse hängt nämlich immer nur davon ab, inwiefern in den vorausgegangenen theoretischen Erwägungen eine klare Unterscheidung zwischen relevanten und störenden Faktoren durchgeführt worden ist. Der Wissenschaftsbegriff, wie ihn das neuzeitliche Denken zu entwickeln versuchte, zeichnet sich ganz besonders durch diese Verknüpfung der rein formalen mit empirischen Elementen aus, ja er schließt diese Verbindung von logischer und experimenteller Begründung mit ein.

Die neuzeitliche Wissenschaft unterscheidet sich aber von der griechischen Wissenschaft nicht nur dadurch, daß sie einen neuen Wirklichkeitsbegriff einsetzt, daß sie die Welt als ein unendliches Forschungsfeld auffaßt, daß sie die Trennung von Subjekt und Objekt zugunsten eines dynamischen Wechselverhältnisses zwischen ihnen aufhebt. Für diese Wissenschaft ist nicht minder charakteristisch, daß sie unter technisch-praktischen Gesichtspunkten vollzogen wird, daß sie nicht so sehr auf die theoretische Betrachtung, als auf die technisch-praktische Bemächtigung des Seienden ausgerichtet ist. In der Tat ist dieses zweite Kennzeichen der neuzeitlichen Wissenschaft unmittelbar mit jenem ersten verbunden und stellt eigentlich deren Kehrseite dar.[12] Die Wissenschaft der Neuzeit ist von Grund auf technisch bestimmt (und wird nicht nur nebenbei technisch ausgenützt), ihr Forschungsbetrieb ist tief im Technischen verankert. Diese grundsätzliche Orientierung der neuzeitlichen Wissenschaft auf die Steigerung des technischen Könnens hat bekanntlich zuerst Bacon formuliert. Merkwürdigerweise hat auch Descartes genau dieselbe Ansicht verfochten. An einer bekannten Stelle seiner

11. Für eine nähere Behandlung dieser Methode vgl. Jürgen Mittelstraß, NA, S. 236 - 243.

12. Martin Heidegger, a.a.O., S. 69. Ähnlich „Die Frage nach der Technik", Vorträge und Aufsätze I (Pfullingen: G. Neske, 1967), S. 23.

berühmten Methodenschrift heißt es, es sei nötig, anstatt der alten, spekulativen Philosophie, welche in der Schule gelernt wird, eine neue, praktische Wissenschaft zu schaffen, welche von Nutzen für das Leben wäre, welche dem Menschen helfen würde „maitre et possesseur de la nature", d.h. Herr und Eigentümer der Natur zu werden.[13] In diesen Worten ist gleichsam das ganze Programm der neuzeitlichen Wissenschaft auf eine prägnante Formel gebracht.

Und so können wir nun den Schwerpunkt unserer Erörterung auf die Frage nach der gegenwärtigen Situation der Wissenschaft verlagern. Diese Situation ist durch einen tiefen Wandel in der Struktur der Wissenschaft selbst bestimmt. Die schon von Anfang an angelegte Entwicklung der neuzeitlichen Wissenschaft in Richtung einer totalen Technokratie hat sich nämlich in unserer Zeit endgültig durchgesetzt. Eine neue Grundwissenschaft, welche Kybernetik heißt, übergreift die überkommenen wissenschaftlichen Gebietseinteilungen, und ordnet alle ihre Bemühungen der großen Aufgabe unter, die menschliche Arbeit zu planen und zu steuern.[14] Sie drängt sich als eine Grundwissenschaft auf, indem sie die wissenschaftliche Wahrheit mit der technischen Wirksamkeit gleichsetzt, indem sie die Möglichkeit ergreift, das technische Können durch den Computer ständig zu überholen. In der Kybernetik beherrscht die technische Vernunft die Gesamtlage der gegenwärtigen verwissenschaftlichten Welt.

Es versteht sich von selbst, daß wir hier nicht die ganze Problematik der Kybernetik aufrollen können. Dies würde uns zu weit von unserer Aufgabe entfernen. Wir müssen uns damit begnügen, nur einige Hinweise auf die Sonderstellung der Kybernetik innerhalb der überlieferten Ordnung der Wissenschaften zu entwikkeln.[15]

13. Discours de la Méthode (Paris: F. Alcan, 1921), S. 68.

14. Vgl. im folgenden Martin Heidegger, „Das Ende der Philosophie und die Aufgabe des Denkens", Zur Sache des Denkens (Tübingen: M. Niemeyer, 1969), S. 64 - 65.

15. Einzelheiten bei Walter Schulz, a.a.O., S. 210 - 233. Dort auch die Angaben über die wichtigste Literatur.

Eine eindeutige Definition der Kybernetik fehlt übrigens in der Fachliteratur noch immer. Man trifft dort, wenn schon nicht eine totale Verwirrung, so doch wenigstens eine bunte Vielfalt von Definitionsversuchen. Die gemeinsame Voraussetzung aller dieser Versuche, daß die Kybernetik einen ausgesprochen technischen Charakter hat, steht aber außer Zweifel. Die Kybernetik ist nicht eine Gegenstandswissenschaft, die sich auf Erforschung eines bestimmten Wirklichkeitsbereichs orientiert, sondern eine Metawissenschaft, welche die isomorphen Modelle in verschiedenen Wirklichkeitsbereichen untersucht. Dies besagt, daß im kybernetischen Rahmen die wissenschaftlichen Kategorien keinen ontologischen Sinn haben, daß die Verwendung dieser Kategorien nur unter dem Gesichtspunkt der Funktionalität stattfindet. Insofern kann die kybernetische Vermittlungsbewegung nicht nur die Grenzen der verschiedenen wissenschaftlichen Disziplinen überschreiten, sondern auch den gesamten Bereich der industriellen und wirtschaftlichen Praxis umfassen. Diese Verabsolutierung des technischen Geistes durchwaltet alle Zweige der Kybernetik, von der Informationstheorie und der allgemeinen Systemtheorie, über die Ingenieurkybernetik, Biokybernetik und Soziokybernetik, bis zu den Entscheidungs- und Strategietheorien.

Die Kybernetik eröffnet die Möglichkeit einer vollständigen wissenschaftlichen Beherrschung der Natur und der Gesellschaft. Diese Verschränkung von Wissenschaft und Technik im Hinblick auf die Möglichkeit der Planung und Steuerung der Zukunft ist im großen und ganzen maßgebend für das kybernetische Vorgehen. Wichtig ist dabei einzusehen, daß die Kybernetik auf der Radikalisierung des neuzeitlichen Wissenschaftsbegriffs beruht. Im Mittelpunkt der Aufmerksamkeit steht jetzt die Steigerung des Wissens, und nicht nur seine methodische Sicherung. Und zwar Steigerung des Wissens, welches schon als solches vermittels der kybernetischen Geräte weitgehend technisiert worden ist. Die Wissenschaft ist durchaus reflexiv geworden, und dadurch verbesserungsfähig im höchstem Ausmaß. Allerdings nicht „reflexiv" in einem spekulativen, sondern in einem rein technischem Sinne. Als ein „technisches Können", dessen Träger der Computer, d.h. ein technisches Werkzeug ist, richtet sich die kybernetisch bestimmte Wissenschaft auf sich selbst, um sich selbst möglichst zu perfektionieren.

Diese durch den Gang der Wissenschaft selbst entstandene Situation, deren Kennzeichen, um mit Walter Schulz [16] zu reden, die radikale Verwissenschaftlichung ist, läßt sich nicht vorbehaltlos rühmen. Wenn eine solche bejahende Stellungnahme zu ihr des denkenden Menschen überhaupt würdig wäre. Die neue Situation der Wissenschaft, in der diese Mitgefährtin der neuzeitlichen Philosophie eine ausschließlich durch sich selbst bestimmende Macht geworden ist, gibt vielmehr manches zu bedenken. Jedenfalls ist diese Situation bei weitem nicht so harmlos und ungefährlich, wie es auf den ersten Blick scheinen möchte. Für den denkenden Menschen ist die Kybernetik sozusagen ein Buch mit sieben Siegeln. Sie macht ihm viel Kopfzerbrechen, mag er noch so unbefangen ihre fruchtbare Folgen genießen. Obwohl die Kybernetik die legitime Vollendung der Wissenschaftskonzeption darstellt, welche das neuzeitliche Denken vermittelt hat, ist doch ihr Anspruch, die moderne Gesellschaft durch Wissen zu gestalten und zu leiten, im Grunde doch fragwürdig. Durch die Übernahme des kybernetischen Vorgehens hat die Wissenschaft nicht nur die ursprüngliche philosophische Aufgabe preisgegeben, sondern ist vielmehr ihrer eigenen höchsten Aufgabe untreu geworden. Die Absolutsetzung der Technik, die einem groben, unbesonnenen Positivismus huldigt, kann nämlich nicht den Mythos definitiv ablösen. In der Tat ruft erst die radikal verwissenschaftlichte Zivilisation das Bedürfnis nach dem Mythos hervor. Denn der aufgeklärte Mensch kann nicht alle moralisch-praktischen Rücksichten vernachlässigen, um sich nur rein technisch-praktischen Zielen hinzugeben, er kann nicht die Sinnentleerung, welche mit der Entmythologisierung zusammengeht, ruhig auf sich nehmen. Inmitten der vollendeten Herrschaft des Logos, gibt die Wissenschaft selbst Anlaß dazu, nach einem Mythos-Ersatz für den schon längst verstummten echten Mythos zu suchen.

16. a.a.O., S. 17 - 20.

12. DER MYTHOS DES 20. JAHRHUNDERTS

Als der verdienstvolle Mythenforscher Karl Kerényi den Joseph-Roman des großen Schriftstellers Thomas Mann als eine „Rückkehr des deutschen Geistes zu den höchsten, den mythischen Realitäten" begrüßte[1], dann hat er kein ungewöhnliches, unerwartetes oder sogar unzeitgemäßes Wort ausgesprochen. Im Gegenteil: er hat damit eine schon weit verbreitete Rede vom Mythos, welche damals fast ungeteilt das öffentliche Bewußtsein faszinierte, auf ein literarisches Kunstwerk übertragen. Es tut nichts zur Sache, daß Kerényi dabei einen neuen Akzent, oder vielmehr einen neuen Anstoß jener Rede gegeben hat, und daß Thomas Mann diese rühmende Begrüßung nicht vorbehaltlos akzeptieren konnte.[2] Denn in der Zeit vor dem zweiten Weltkrieg schwebte der Gedanke von der Wiederbelebung des Mythos sozusagen in der Luft, besonders im deutschen Raum, und der Schriftsteller selbst wurde durch die Versicherung, sein Werk habe gewissermaßen an jeder „Rückkehr" teilgenommen, keineswegs in Verlegenheit gebracht.

Die Erfahrung der jüngsten Zeit scheint allerdings darauf hinzudeuten, daß der Mythos keine zeitbedingte Erscheinung der menschlichen Kulturgeschichte ist, deren Blüte der fernen Vergangenheit angehört, sondern eine gewaltige Kulturmacht, die sich bis heute durchgesetzt hat und die noch lange lebendig sein wird. Zum mindesten bezeugt jene Erfahrung ganz unzweideutig, daß das Wort „Mythos", wenn schon nicht die Sache selbst, den weitesten Widerhall in unserer modernen Lebenswelt findet, und daß die Berufung auf mythische Bilder und Vorstellungen eine große Rolle in unserem politischen Alltag spielt. Die breite Resonanz der Rede vom Mythos im Zeitalter der radikalen Verwissen-

1. In einem Brief an Thomas Mann; zitiert nach Bruno Liebrucks, „Sprache und Mythos". Erkenntnis und Dialektik (Den Haag: M. Nijhoff, 1972), S. 110.

2. Näheres über diese Entgegnung bei Bruno Liebrucks, a.a.O., S. 110-111.

schaftlichung verpflichtet aber zu ernstem Nachdenken. Wie ist es überhaupt dazu gekommen, daß wir Spätlinge einer aufgeklärten Kultur wieder nach dem Mythos greifen dürfen? Wie verträgt sich diese Frühform der menschlichen Daseinshelle mit der modernen auf Wissenschaft, Technik und Industrie beruhenden Lebensweise? Ist der Mythos des 20. Jahrhunderts wirklich noch Mythos im echten, ursprünglichen Sinn? Kann die mythische Wahrheit mitten in unserer entzauberten Welt wirklich aufs neue aufleuchten? Was wird aus dem Mythos, wenn das begreifende Denken sich für seine Wahrheit einsetzt, wenn dieses Denken über ihn souverän verfügt?

Es muß gleich gesagt werden, daß die Sehnsucht nach dem Mythos, welche in unserem Jahrhundert nicht nur einzelne Geister, wie im Zeitalter der Romantik, sondern auch breite Schichten der Bevölkerung ergriffen hat, keineswegs zufällig entstanden ist. Mag sie noch so sehr auf einem groben Mißverständnis beruhen, über dessen Natur und Tragweite wir uns schwerlich Gedanken machen können. Und nicht einmal war diese Sehnsucht eine vorübergehende Aberation, die uns Heutigen nicht mehr droht, von der wir jetzt völlig immunisiert sind. In der Tat wurde die Hoffnung auf eine Wiederkehr des Mythos tief in der geistigen Situation der Zeit vorgebildet, oder vielmehr durch sie unmittelbar hervorgerufen, weil diese Hoffnung gewissen vitalen Bedürfnissen entspricht, die diese Zeit unbefriedigt gelassen hat. In der Folge der radikalen Verwissenschaftlichung ist nämlich die menschliche Welt einer vollkommenen Sinnentleerung erlegen. Die positivistische Reduktion der Idee der Wissenschaft[3] auf bloße Technokratie, deren beredtes Zeugnis die Kybernetik darstellt, hat die menschliche Situation von Grund auf erschüttert. Durch diese Reduktion ist das Menschenleben in einem ganz neuen Sinn fragwürdig geworden. Nicht nur, daß die positivistisch bestimmte Wissenschaft keine maßgebende Antwort auf die Frage nach dem höchsten Lebenssinn gibt, sondern sie verhindert vielmehr jeden Zugang zu dieser Frage, indem sie die Fragestellung selbst als

3. Vgl. insbesondere Edmund Husserl, Die Krisis der europäischen Wissenschaften und die transzendentale Phänomenologie (Den Haag: M. Nijhoff, 1962), S. 1 - 17. Zu den folgenden Ausführungen vgl. auch Herbert Marcuse, One-Dimensional Man. Studies in the Ideology of Advanced Industrial Society (Boston: Beacon, 1964), S. 172 - 173.

illegitim brandmarkt.[4] Ein Wissen vom Sinn des Lebens liegt über die Reichweite der Wissenschaft hinaus[5], und eben dieses Wissen ist für den Menschen lebenswichtig, er kann es nicht entbehren.

Die neuzeitliche Wissenschaft hat sich übrigens schon von Anfang an als eine grundsätzlich wertfreie Veranstaltung konstituiert. Mit der Ausschaltung der Wesenfrage hat sie auch die Sinnfrage wenigstens in Klammern gesetzt. Das positivistische Verdikt: praktische Fragen sind nicht „wahrheitsfähig",[6] sie sind einer vernünftigen Beratung nicht zugänglich, hat diese ursprüngliche Ausrichtung der neuzeitlichen Wissenschaft nur zu Ende geführt. Durch dieses Verdikt ist die Kluft zwischen Vernunft und Leben, die das neuzeitliche Denken früh ausgegraben hat, nur äußerst verschärft worden. So wurde eine Ergänzung der Wissenschaft durch den Mythos unentbehrlich. Wenn die lebenspraktisch relevanten Entscheidungen überhaupt nicht begründet werden können, wenn Entscheidungen in Fragen der Lebenspraxis von jeder nur irgend auf Vernunft verpflichteten Instanz losgesprochen werden müssen, dann greift der verwirrte Mensch nach irgendwelchen Heilslehren, dann versucht der irrgewordene Mensch durch Rückkehr in die geschlossene Welt der quasi-mythischen Bilder und Vorstellungen eine gesellschaftlich verbindliche Vorentscheidung praktischer Fragen institutionell zu sichern.[7]

Daß die positivistische Einschränkung der Wissenschaftsidee die Möglichkeit einer unwiederbringlichen Selbstzerstörung der Aufklärung offenbarte, daß sie eine schwere Verwirrung des Denkens herbeiführte, ja sogar daß sie die Autorität der Vernunft in Verdacht brachte, steht außer Zweifel. Man glaubt schon

4. Über die „Umfunktionierung" vieler ethischer Fragen zu wissenschaftlichen Problemen vgl. Walter Schulz, Philosophie in der veränderten Welt (Pfullingen: G. Neske, 1974), S. 637 - 639.

5. Karl Ulmer, Philosophie der modernen Lebenswelt (Tübingen: J.C.B. Mohr/ P. Siebeck, 1972), S. 69.

6. Der Ausdruck findet sich bei Jürgen Habermas, Theorie und Praxis. Sozialphilosophische Studien (Frankfurt/M: Suhrkamp, 1974), S. 318.

7. So Jürgen Habermas, a.a.O., S. 319. Die These, daß eine mythenlose Zeit neuen Mythos bedürfe, entwickelt Walter Bröcker in seiner feinsinnigen Untersuchung Dialektik, Positivismus, Mythologie (Frankfurt/M: V. Klostermann, 1958).

längst nicht mehr ungebrochen daran, daß die Wissenschaft mit Recht Anspruch auf die Führungsrolle im menschlichen Leben erhebt. Die Zeit der schrankenlosen Wissenschaftsgläubigkeit scheint definitiv vorübergegangen zu sein. Immer mehr und mehr wird klar, daß die Wissenschaft eine rein theoretische Funktion hat, deren Ursprung im Technischen liegt, daß von der Wissenschaft keine praktische Anweisungen zum richtigen Leben zu erwarten sind.[8] Der radikale Bruch der Wissenschaft mit der Philosophie hat freilich zu einer ungeheueren Steigerung des technischen Wissens und Könnens geführt. Für diesen Erfolg mußte aber ein hoher Preis bezahlt werden: die positivistisch verführte Wissenschaft beruht auf dem Ausschluß gerade derjenigen Fragen, die die Philosophie immer wieder stellte und zu beantworten suchte. Mit Hinblick auf diesen Sachverhalt bekommt der bekannte Spruch Heideggers „Die Wissenschaft denkt nicht"[9] seine volle Berechtigung. Dieser Spruch ist nicht als eine Herabsetzung der Wissenschaft gemeint, wie er oft interpretiert wurde. In der Tat spricht Heidegger nicht gegen die Wissenschaft, er setzt sich vielmehr für die Klarheit über ihr Wesen ein. Seiner Meinung nach gehört die neuzeitliche Wissenschaft in den Bereich des Wesens der modernen Technik.[10] Und das bedeutet, daß die Wissenschaft sich nicht in der Dimension der Philosophie bewegt, d.h. daß sie keinen Zugang zur Sache des Denkens hat. Die Wissenschaft ist aber, ohne es zu wissen, auf diese Dimension angewiesen. Der Spruch ist also kein Vorwurf, sondern eine Feststellung der inneren Struktur der Wissenschaft.

Kein Wunder, daß die Trennung der Wissenschaft von der Philosophie nicht nur Skepsis und Mißtrauen, sondern auch viele feindliche Stimmungen gegen die Vernunft hervorgerufen hat. Denn durch diese Trennung wurde die Wissenschaft in eine Krise gedrängt, die sich im „Verlust ihrer Lebensbedeutsamkeit" manifestierte (wie sich Husserl[11] einmal ausdrückte). Übrigens verliert das Denken Achtung vor sich selbst, wenn es sich gegen das Weltganze verschließt, wenn es gleichgültig gegen das höchste

8. Vgl. Max Scheler, Die Wissensformen und die Gesellschaft (Leipzig: Der Neue Geist, 1926), S. 180.

9. Was heisst Denken? (Tübingen: M. Niemeyer, 1971), S. 4.

10. a.a.O., S. 49.

11. Die Krisis, S. 3.

menschliche Gut wird. In der Krise der Wissenschaft spiegelt sich eigentlich die Krise der ganzen Aufklärungsbewegung wider. Die absolute Vorurteilslosigkeit, nach der sich die Aufklärung so leidenschaftlich sehnte, hat sich als ein unerreichbares Ideal erwiesen. Die Aufklärung hat sich als unfähig erwiesen, den Menschen zur vernünftigen Selbständigkeit zu erheben, eine überlegene Welt- und Lebensansicht, frei von den Bindungen des Mythos und der Tradition zu garantieren. In einer solchen Situation mußten die Anforderungen der Lebenspraxis nach außerwissenschaftlichen Mitteln für ihre Erfüllung greifen. Und so konnte die Rede vom Mythos und seiner segenbringenden Auswirkung allmählich wieder aktuell werden.

Diese zweite Wiederkehr des Mythos, diese, wenn man so sagen darf, wiederholte Aktualisierung des mythischen Sagens, über die wir uns nicht genügend verwundern können, hat gewisse spezifische Züge, die schlechthin einmalig sind. Die neue Wendung zum Mythos ist nämlich mehr aus einem Mangel, als aus einem Überfluß an Geistesenergie hervorgegangen. In der geschlossenen Welt des Mythos sucht der heutige Mensch eher einen Zufluchtsort, als daß er darin eine Bestätigung seiner eigenen Macht fände. Für die romantische Hoffnung, mit der Nietzsche einst auf die moderne Welt zuging,[12] gibt es keinen Platz mehr im Zeitalter der radikalen Verwissenschaftlichung. Übrigens konnte auch Nietzsche selbst diese Hoffnung nicht lebenslang aufrechterhalten. Seine jugendliche Erwartung, vermittels des Mythos die Rettung der modernen zerrisssenen Kultur, ja die Wiederherstellung ihrer verlorenen Einheit einrichten zu können, wurde bald durch seine spätere Einsicht des wachsenden Nihilismus zerschlagen. In letzter Linie hat der ursprüngliche Versuch der unmittelbaren Wiederherstellung einer in der mythischen Welt als gegeben geglaubten Einheit im 20. Jahrhundert in der Form der politisch gewordenen Romantik zum Faschismus und Nationalsozialismus geführt.

12. Vgl. dazu Günther Rohrmoser, Nietzsche und das Ende der Emanzipation (Freiburg: Rombach, 1971), S. 26. Über die poetische Mythisierung der Revolution vgl. Jurij Striedter, „Poesie als 'Neuer Mythos' der Revolution am Beispiel Majakowskijs", in: Manfred Fuhrmann (Hrsg.), Terror und Spiel. Probleme der Mythenrezeption (München: W. Fink, 1971), S. 409 - 434.

Für die Wiederbelebung des mythischen Jargons, wenn schon nicht für die Wiederbelebung der mythischen Welt selbst, scheint der französische Sozialphilosoph Georges Sorel besonders verdienstvoll zu sein. In freier Nachfolge Vicos, aber auch unter dem entscheidenden Einfluß von Marx und Bergson, hat er zu Beginn des Jahrhunderts den Gebrauch des Wortes „Mythos" für die ganze Folgezeit exemplarisch festgestellt. Oder wenigstens hat er diesen Gebrauch weitgehend beeinflußt, indem er die Rede vom Mythos in eine neue Richtung lenkte. Im Rahmen seiner berühmten Lehre von der Gewalt, die Walter Benjamin als eine „tiefe, sittliche und echt revolutionäre Konzeption" kennzeichnete,[13] hat nämlich Sorel eine ausdrücklich sozialphilosophisch ausgerichtete Stellung zum Mythos genommen. Diese seine Stellungnahme hat sich als sehr geeignet und fruchtbar erwiesen, weil dadurch dem Wort „Mythos" eine neue Definition unterlegt und aufgezwungen wurde.

Nach Sorels Meinung sind die Mythen keineswegs nur ein Spezifikum der archaischen Gesellschaften, obwohl sie in diesen Gesellschaften eine außerordentlich wichtige Rolle gespielt haben. Die urzeitlichen Erzählungen von Göttersukzessionen und Weltschöpfung, an die man zuerst denkt, wenn man vom Mythos spricht, fallen nicht mit dem Gebiet des Mythischen zusammen. Und nicht einmal sind die Mythen nur an die religiösen Bewegungen gebunden, obwohl sie in diesen Bewegungen vielleicht am klarsten ihre schöpferische Kraft bezeugt haben. Die apokalyptische Vision des ursprünglichen Christentums, in der die Vorstellung eines katastrophalen Untergangs der heidnischen Welt dominierte, kann auch nicht als Mythos schlechthin, sondern nur als ein Beispiel davon angesehen werden. Die Mythen sind eigentlich „geschichtliche Kräfte" (forces historiques)[14] von ganz besonderer Art, die in allen Zeiten und auf allen Gebieten des gesellschaftlichen Lebens auftreten, die einen hohen „Bewegungswert" (valeur motrice) [15] haben und die im Sinne

13. Zur Kritik der Gewalt (Frankfurt/M: Suhrkamp, 1967), S. 52. Zur Sorels Mythos-Konzeption vgl. Irving Louis Horowitz, Radicalism and Revolt against Reason. The Social Theories of Georges Sorel (London: Routledge and Kegan Paul,1961).

14. Réflexions sur la violence (Paris: M. Rivière, 1921), S. 33.

15. a.a.O., S. 45.

einer vollkommenen moralischen Erneuerung wirken. Es ist nicht klar, ob Sorel damit jeden Unterschied zwischen den archaischen Mythen und den modernen künstlich konstruierten Mythen verwischen, oder nur auf die mächtige Wirkkraft, die allen Mythen gemeinsam ist, hinweisen, wollte, ungeachtet anderer Merkmale, die sie noch haben können. Jedenfalls hat aber seine Auffassung in Richtung einer Verwischung solcher Unterschiede gewirkt. Sorel selbst hat allerdings geglaubt, daß er mit der Verwendung des Wortes „Mythos" einen „glücklichen Fund" (une heureuse trouvaille) [16] gemacht habe, da auf diese Weise seine Absicht, einen radikalen Bruch mit dem abendländisch-europäischen Rationalismus durchzuführen, klar zutage gekommen ist.

Zu beachten ist wohl, daß Sorel kein Interesse für die religiöse Ausrichtung des mythischen Bewußtseins gezeigt, daß er keine Notiz von der göttlichen Seite des Mythos genommen hat. Im Zusammenhang mit der Verwendung des Wortes „Mythos" dachte er überhaupt nicht daran, der Vergangenheit gerecht zu werden, sondern nur der Gegenwart hilfreich zu sein.[17] Als ein ausgesprochen praktisch engagierter Denker, dem eigentlich viel mehr das Wort als die Sache selbst bedeutete, begnügte er sich damit, den Mythosbegriff auf die Lebenspraxis einzuschränken. In diesem Sinne sprach er meistens von den „sozialen Mythen" (les mythes sociaux), [18] und nicht mehr vom Mythos im Sinne der Religionswissenschaft. Daß diese Verschiebung des Nachdrucks besonders geeignet war, den Glauben an die Möglichkeit und Notwendigkeit der Wiederbelebung des heilbringenden Mythos zu befestigen, liegt auf der Hand.

Nach Sorels Meinung ist der Mythos kein abstraktes Lehrstück, das mit der Philosophie und Wissenschaft irgendwie gleichgesetzt werden kann, sondern ein intuitives Sinnbild, das über jede Philosophie und Wissenschaft hinauskommt. Der Mythos vermittelt keine Kenntnisse über irgendwelche umweltliche oder hinterweltliche Dinge, sei es auch nur in der Andeutung, sondern drückt eine bestimmte Willensentscheidung aus, ist ein „Ausdruck des Willens" (expression de volonté).[19] Nicht die

16. a.a.O., S. 34.
17. Vgl. a.a.O., S. 180.
18. a.a.O., S. 177.
19. a.a.O., S. 46.

Wirklichkeit steht bei ihm im Vordergrund, sondern die Entschlossenheit, auf die Wirklichkeit einzuwirken. Dem Mythos kommt eine höhere Seinsqualität zu, als der Wirklichkeit selbst. Keine Entsprechung zu ihr entscheidet über seinen Wert, sondern nur seine Wirksamkeit. Die Geburtsstätte des Mythos ist der Wille, nicht der Verstand. Und zwar der Wille einer Menschengruppe, nicht der Einzelwille. Der Mythos ist das Glaubensgut einer kollektiven Bewegung, aus der heraus neue Ordnungen, neue Einrichtungen geschaffen werden sollen. Auf verschiedene Weise und in verschiedenen Schriften betont Sorel immer wieder den Wirkungswert, nicht den Wahrheitswert des Mythos. Seiner Meinung nach ist es überhaupt nicht möglich, ein Wahrheitskriterium beizubringen, weil es einen solchen Maßstab nicht gibt. Vielmehr ist es sinnlos, zu fragen, ob ein Mythos wahr ist oder nicht. Denn es kommt überhaupt nicht darauf an, ob eine Idee wahr oder falsch ist, sondern nur, daß sie die Bereitschaft erweckt, eine bestimmte Verhaltensweise anzunehmen. Oder richtiger: das Entscheidende liegt darin, daß der Mythos ein Gefühl hervorruft, das die Kohäsion schafft und genügenden Anstoß gibt, die Gruppe zum Handeln zu mobilisieren. Der Mythos kann nicht widerlegt werden (wie er auch selbstverständlich nicht bewiesen werden kann), da er im Grunde identisch ist mit der Überzeugung einer Gruppe,[20] den normalen Gang der Dekadenz unterbrechen und im Sinne der moralischen Erneuerung wirken zu können.

Sorel ist fest davon überzeugt, daß der Mythos ein außerordentlich wirksames Mittel der Massenbeeinflussung darstellt, und daß er nur mit Hinblick auf diese seine Fähigkeit, die Massen zur Gefolgschaft zu zwingen, beurteilt werden soll. Jede andere Einschätzung des Mythos ist unangemessen, da derart eben dasjenige vernachlässigt wird, was an ihm von entscheidender Bedeutung ist. Der Mythos ist ein kostbares Werkzeug, nicht weil er eine objektive oder sogar absolute Wahrheit offenbart, sondern weil er verwirklichungsfähig ist, weil er die Gefühle der Massen in eine bestimmte Richtung lenkt, weil er die Massen zur Tat anspornt. Darüber hinaus verdient der Mythos jede Beachtung, weil er den Glauben an die Errichtung einer neuen Welt

20. a.a.O., S. 46 - 47.

festigt, und zwar dadurch, daß er als ein Kampfbild zugleich auch ein Siegesbild enthält.[21]

Merkwürdigerweise setzt Sorel vom Mythos die Utopie ab, und begründet diese Absetzung damit, daß der Mythos die Utopie weithin übertrifft, daß er ihr unvergleichlich überlegen ist.[22] Der Mythos entstammt einer blitzartigen Intuition, während die Utopie ein Produkt des rechnenden Verstandes ist. Der Mythos durchdringt den ganzen Menschen, vollkommen und restlos. Er läßt keine Seelenenergie unberührt, sondern umfaßt gleichmäßig sowohl Gefühl und Willen wie Phantasie und Denken. Eine solche ganzheitliche Ergriffenheit kennt die Utopie nicht, da sie nur an den Verstand appelliert. Der Mythos wirkt auf die Gegenwart ein, zum Unterschied von der Utopie, die nur in der Zukunft lebt. Die Utopie zeichnet ein Schlaraffenland, das von der Wirklichkeit entführt, während der Mythos sich für die Umwandlung der korrupten Wirklichkeit einsetzt. Der Mythos steht im Dienst der moralischen Erneuerung. Er macht sich zur Aufgabe, in die bestehenden Verhältnisse einzugreifen, im Gegensatz zur Utopie, die nur die künftige Verhältnisse vergegenwärtigen will. Der Mythos ruft zum großen Kampf auf, er fordert eine große Anstrengung, deren Ausgang vollkommen unsicher ist. Die Utopie ist von einer fanatischen Glaubensgewißheit getragen, die ganz bestimmt zum Despotismus führt. In der Kraft und Veranlagung eines Volkes zum Mythos sieht Sorel seine Aussichten, die Triebfeder der Weltgeschichte zu werden.

Aus selbstverständlichen Gründen können wir den Mythos-Gedanken Sorels hier nicht in allen Einzelheiten darlegen. Es scheint doch unumgänglich, darauf aufmerksam zu machen, daß Sorel nicht in der leeren Abstraktion stehengeblieben ist. Vielmehr hat er in seinem Werk mehrere konkrete Beispiele der sozialen Mythen angeführt und diskutiert. Unter diesen Beispielen ragen der Klassenmythos und der Mythos der Revolution hervor, vermittels derer Sorel vermeinte, den Denkansatz von Marx zu retten und weiterzuentwickeln.[23] Im Mittelpunkt der ganzen Sorelschen Mythosauffassung steht aber der Mythos des

21. Vgl. a.a.O., S. 32.
22. Vgl. im folgenden a.a.O., S. 46 - 47, 48 - 49, 51 - 52.
23. Vgl. a.a.O., S. 32, 48, 185.

Generalstreiks.[24] Dieser Mythos ist leider bei Sorel ungenügend entwickelt, so daß es schwierig ist, über ihn zu berichten. Die Hinweise darauf findet man in seinem ganzen Werk verstreut. Der Mythos des Generalstreiks ist letzten Endes die Grundidee des revolutionären Syndikalismus Sorels, durch den er eine radikale Alternative zum Marxschen proletarischen Kommunismus schaffen wollte. Der Generalstreik soll eigentlich den Umsturz der gesamten kapitalistischen Gesellschaft bewirken, da seine Träger die vom Mythos durchdrungenen arbeitenden Produzenten sind. Der Mythos ist sonst nur ein Ensemble von Bildern,[25] die eine kriegerische Stimmung hervorrufen und die Seele für den „großen napoleonischen Kampf" (la grande bataille napoleonienne)[26], d.h. für den Kampf mit geringstmöglichem Ausmaß an Brutalität und Grausamkeit[27], vorbereiten. Der Mythos geht unmittelbar ins Handeln hinüber durch die bloße Intuition, ohne irgendwelche Reflexion.[28] Ja, es dürfte der Mythos überhaupt nicht analysiert werden, weil das Denken zum mindesten ein Moment des Zögerns enthält und dadurch das Handeln lähmt, fesselt und verhindert.

Allerdings hat Sorel mit seinem Mythos-Gedanken in vielem dem politischen Irrationalismus und Totalitarismus den Weg gebahnt, wenn schon nicht den Rosenberg'schen Macht- und Blutmythos unmittelbar hervorgerufen. Dies muß zugestanden werden, obwohl es außer allem Zweifel steht, daß die ursprüngliche Intention von Sorel im Faschismus und Nationalsozialismus ins Gegenteil verkehrt worden ist, und daß er selbst den Mythos des 20. Jahrunderts aller Wahrscheinlichkeit nach entschieden abgelehnt hätte.[29] Die Ereignisse der letzten Jahrzehnte zeigen deutlich genug, wenn man nur daraus Erfahrung

24. a.a.O., S. 32, 39, 45, 49.

25. a.a.O., S. 173. Vgl. auch S. 182.

26. a.a.O., S. 96.

27. a.a.O., S. 283. Zur Unterscheidung zwischen der "force bourgeoise" und der "violence proletarienne" vgl. S. 256 - 268.

28. a.a.O., S. 173. Vgl. auch S. 180.

29. Daß wir uns die Maßstäbe davon, was mythisch sei oder nicht, nicht von Rosenberg geben lassen dürfen, mahnt mit Recht Bruno Liebrucks, Sprache und Mythos I (Frankfurt/M: Akademische Verlagsgesellschaft, 1964), S. 249.

zu machen vermag, daß die Menschen sehr leicht gegeneinander organisiert und mobilisiert werden können, und daß dabei alle möglichen stereotypen Bilder und Vorstellungen gebraucht werden können. Sorel hat jedenfalls nicht nur richtig eingesehen, daß auf dem Gebiet der Propaganda ein breiter Raum für das Irrationale besteht, sondern vielmehr auch selber zur weiteren Ausdehnung dieses Raumes bedeutend beigetragen. Insofern kann seine Mythosauffassung keineswegs nur als ein mehr oder weniger geglückter, im Grunde aber harmloser Versuch der Wiederbelebung des mythischen Jargons in unserem Zeitalter betrachtet werden. Diese seine Auffassung ist eigentlich ein gefährliches Mittel, mit dem dieser erbitterte Widersacher des vernünftigen Denkens den sonst schon beträchtlich verdüsterten Horizont der Menschengeschichte vollkommen verdunkelt hat.

Wer von der Literaturgeschichte, Religionswissenschaft oder Völkerkunde herkommt, und den Mythos als eine altehrwürdige Sprache, ja als die ursprüngliche Sprache der Welt kennt und würdigt, wird freilich diese moderne Verwendung des Mythosbegriffs schwer akzeptieren können. Er wird sich vielmehr energisch dagegen wehren müssen, diese neue Bedeutung als eine wirkliche Erweiterung und Bereicherung jenes alten Begriffs anzusehen. Denn die erwähnte Umprägung des Mythosbegriffs beruht in Wirklichkeit auf einer Wortverdrehung, die sehr selten, wenn schon nicht ganz ausnahmsweise in der Begriffsgeschichte vorkommt. Es scheint daher sinnvoll und zweckmäßig, zu fragen, soll diese Unterstellung überhaupt angenommen werden? Ist es nicht besser, die radikale Umdeutung des Mythosbegriffs, welche Sorel versuchte, grundsätzlich zurückzuweisen? Die Verwendung des Mythosbegriffs in politisch-soziologischem Sinn ist übrigens vollkommen überflüssig, da Politikwissenschaft und Wissenssoziologie schon längst den Namen und den Begriff der Ideologie kennen und davon Gebrauch machen. Und der Definitionsversuch Sorels nähert sich so offenkundig genau demjenigen, was in den beiden genannten Wissenschaftsgebieten gemeiniglich unter Ideologie verstanden wird.

Trotzdem hat sich die Rede vom Mythos in dieser zweiten, abgeleiteten Bedeutung so weit verbreitet, daß man auf ihren raschen Rücktritt kaum rechnen kann. Das drastische Beispiel Cassirers mahnt vor jeder verfrühten Erwartung in dieser Richtung.[30] Wenn aber auch die kritisch eingestellten Philosophen, wie z.B. Max Horkheimer und Theodor W. Adorno dieser Sprachverwirrung unterliegen und sogar vom „Umschlag“ der Aufklärung in Mythologie als dem Geschick unseres Zeitalters reden,[31] dann muß man sich ernst fragen, ob die vorgefundene Sachlage überhaupt sich verändern wird. Das Zurückschlagen der Aufklärung in Mythologie? Das ist eine völlig unangemessene Terminologie, obwohl die Sache selbst vielleicht richtig getroffen ist. Die Verlegenheit wird umso unbehaglicher, weil Horkheimer und Adorno von einem ganz abstrakten Begriff der Aufklärung ausgehen, ohne es der Mühe wert zu halten, die historische Distanz zum Mythos aufzubewahren oder die wirkliche Beschaffenheit und die verschiedenen Arten der aufgeklärten Kultur näher zu analysieren. Im Angesicht einer solchen Nachlässigkeit, die schon erschreckend angewachsen ist, kann man denn noch vernünftig hoffen, daß die schlichte Forderung nach der strengen Begrifflichkeit irgendwie aufrechterhalten bleiben wird?

30. Vgl. oben Kap. 10.

31. Dialektik der Aufklärung (Frankfurt/M: S. Fischer, 1971), S. 27 - 28. Vgl. dazu Roland Barthes, "Le mythe, aujourd'hui", Mythologies (Paris: Seuil, 1957), bes. S. 257 - 264.

13. WANDLUNGEN DES IDEOLOGIEBEGRIFFS

Der Begriff der Ideologie gehört zweifellos zu den höchst bedeutsamen und fruchtbaren Begriffen der modernen Politikwissenschaft und Wissenssoziologie. Er kann aber auch zu den höchst umstrittenen und unbestimmten Begriffen innerhalb der beiden genannten Wissenschaftsgebieten gerechnet werden, weil durch seine Dehnbarkeit und Wandelbarkeit allerlei Bedenken und Mißverständnisse erregt werden. So richtig es auch sein mag, daß sich dieser Begriff schon längst in der akademischen Welt eingebürgert hat, und daß ohne ihn eine ernste und gründliche Erörterung der geistigen Situation der Zeit überhaupt nicht versucht werden kann, ist seine Bedeutung dennoch alles andere eher als klar und eindeutig. Es ist eine große Frage, ob eine wirkliche Übereinstimmung in Bezug auf die Gebrauchsweise des Ideologiebegriffs jemals erreicht werden kann: so groß sind die Unterschiede zwischen den bedeutendsten heutigen Versuchen seiner Bestimmung.[1] Selbstverständlich steht all das mit keinem angeblich mystischen Merkmal des Ideologiebegriffs in Zusammenhang. Weder soll das Gesagte so aufgefaßt werden, als ob alle weiteren Bemühungen, diesen Begriff näher zu bestimmen, schon von vornherein zum Scheitern verurteilt wären. Solche Bemühungen können freilich nur unter bestimmten Bedingungen zu einem Ergebnis führen, d.h. nur wenn man die gegenwärtige gesellschaftlich-geschichtliche Situation im Ganzen ins Auge fasst, und wenn man den Begriff der Ideologie aus dem maßgebenden Hinblick auf den Mythosbegriff einerseits, und unter dringender Bezugnahme auf den neuzeitlichen Wissenschaftsbegriff andererseits, zu erläutern versucht.

An und für sich ist das Wort „Ideologie“ bekanntlich schon über hundertfünfzig Jahre alt. Seine erste Verwendung erfolgte in der Zeit der Französischen Revolution, wenn es auch in den

1. Dieser Sachverhalt wird sozusagen exemplarisch deutlich in den von Kurt Lenk zusammengestellten Texten zum Ideologieproblem: Ideologie. Ideologiekritik und Wissenssoziologie (Neuwied: Luchterhand, 1967).

philosophischen Diskussionen der französischen Spätaufklärung inhaltlich vorbereitet wurde. Das Wort prägte ursprünglich Destutt de Tracy, der eine neue Bezeichnung für seine psychologisch ausgerichtete Philosophie brauchte. Für ihn war Ideologie kein Schimpfwort, geschweige denn etwas Verdächtiges und Verwerfliches. Im Gegenteil: er verstand darunter vornehmlich Lehre von den Ideen, oder richtiger die Lehre vom Ursprung aller unserer Kenntnisse. Aber fast sofort wurde dem Namen ein anderer Sinn unterschoben. Die Umprägung vollzog schon der erbitterte Gegner der Revolution Chateaubriand, der unter Ideologie eine vorurteilsbehaftete, verkehrte, entstellte Denkweise begriffen hat.[2] Zum Urheber des negativen, abwertenden Ideologiebegriffs hat sich aber erst Napoleon gemacht. Er hat die Schüler und Anhänger Destutt de Tracys „Ideologen" genannt, nicht weil sie die Welt der Ideen studieren wollten, sondern weil sie lebensfremd waren. Ihm schien es sogar selbstverständlich, daß diese Leute getadelt werden müssen, weil er überzeugt war, daß sie einer verschwommenen Metaphysik huldigen, die die Ursache aller Not ist und die eigentlich Frankreich ins Unglück gestürzt hat. Man kann ohne Übertreibung sagen, daß alle modernen Versuche, den Begriff der Ideologie zu definieren, irgendwie dadurch vorgebildet sind, ob sie mehr der enzyklopädischen Unbefangenheit Destutt de Tracys oder mehr der diffamierenden Denunziation Napoleons Rechnung tragen. Besonders wenn man noch bedenkt, daß es auch an vermittelnden Versuchen durchaus nicht gefehlt hat.

Die ganze Wandlungsgeschichte des Ideologiebegriffs kann freilich hier nicht entwickelt werden. Diese Geschichte ist tatsächlich so bunt und mannigfaltig, daß wir nicht einmal versuchen können, ihre Hauptetappen auch nur zu skizzieren. Um nur über die wichtigsten Stellungnahmen zu berichten, müßte man ein ganzes Buch schreiben! Es muß doch hier nachdrücklich darauf hingewiesen werden, daß sich für die produktive Verwandlung und Weiterführung der Ideologielehre, ja für ihre Radikalisierung

2. Darauf hat Werner Stark neuerdings hingewiesen. Vgl. den Anhang zu seinem Aufsatz "Zur Ideologiebildung, insbesondere in der Demokratie", in: Internationales Jahrbuch für Wissens- und Religionssoziologie, IX (1975), S. 42 - 43. Zu den folgenden Ausführungen vgl. Hans Barth, Wahrheit und Ideologie (Zürich: E. Rentsch, 1961), Kap. I.

besondere Verdienste Karl Marx erworben hat, daß seinem Denkansatz eine Schlüsselstellung in der Geschichte des Ideologiebegriffs zukommt, daß diese Geschichte fast ganz im Zeichen seines Definitionsversuchs steht.[3] Das ernsthafte Nachdenken über die Ideologie wurde eigentlich erst durch diesen schonungslosen Kritiker alles Bestehenden in Gang gesetzt, und nicht nur in die richtige Bahn gelenkt. Zum mindesten ist es unzweifelhaft, daß die moderne Ideologie-Diskussion stark von Marx beeinflußt ist, daß das gesamte moderne Ideologieverständnis von ganz bestimmten Marxschen Formulierungen ausgeht oder auf sie zurückgeht. Allerdings steht die Häufigkeit der Berufungen auf die Marxschen Worte in keinem geraden Verhältnis zum wirklichen Begreifen ihres wahren Sinnes. Mit der Marxschen Ideologielehre müssen wir uns deshalb nachträglich noch ganz besonders befassen.[4]

Dieses Zurückgehen auf Marx scheint umso mehr erforderlich, weil im Laufe der Diskussion die kritische Ausrichtung der Marxschen Ideologielehre entweder ganz mißverstanden oder vollkommen vernachlässigt wurde. Zu dieser Wandlung haben nicht nur namenlose, unbekannte und unwürdige, sondern auch sehr angesehene und hochgeschätzte Teilnehmer an der Diskussion beigetragen. Unter den letzteren sollen in erster Linie Karl Mannheim[5] und Max Scheler[6] erwähnt werden, vielleicht die letzten bedeutenden Vertreter der sogen. klassischen Tradition des soziologischen Denkens, bei denen aus der Marxschen Ideologiekritik der akademische Zweig der Wissenssoziologie entstanden ist. In diesem neuen Rahmen, an dessen Errichtung sich die beiden genannten Gelehrten leidenschaftlich beteiligt haben, ist sehr wenig von der ursprünglichen Marxschen Intention übriggeblieben. Der Ideologiebegriff dient nämlich bei ihnen nicht mehr als ein Wegweiser der kritisch-dialektischen Analyse menschlicher Selbstentfremdung am Vorabend der Weltrevolution, er ist

3. Vgl. dazu Helmuth Plessner, "Abwandlungen des Ideologiegedankens", in: Kurt Lenk (Hrsg.), Ideologie, a.a.O., S. 281. Ähnlich John Plamenatz, Ideology (London: Macmillan, 1971), S. 20 - 21.

4. Vgl. unten Kap. 14.

5. Ideologie und Utopie (Bonn: F. Cohen, 1930).

6. Die Wissensformen und die Gesellschaft (Leipzig: Der Neue Geist, 1926), S. 21 - 22, 170 - 171, 205 - 210, 483 - 486.

vielmehr zu einem bloß nominalistischen Hilfsmittel der abstrakten Ideologieforschung herabgesetzt. Auf diese Weise ist die wirkliche Erkenntniskraft des Begriffs zugunsten einer angeblichen Steigerung seiner Wissenschaftlichkeit geopfert.[7]

Von den zahlreichen begrifflichen Unterscheidungen, die Mannheim vorgeschlagen hat, ist seine Unterscheidung von partikularem und totalem Ideologiebegriff[8] am bekanntesten geworden. Diese Unterscheidung ist auch insofern wichtig, als sich in ihr vielleicht am deutlichsten die ganze Tragweite der erwähnten Wandlung widerspiegelt. Bei dem partikularen Ideologiebegriff handelt es sich darum, daß man bestimmten Ideen und Vorstellungen des Gegners nicht Glauben schenkt, weil man sie für mehr oder minder bewußte Verhüllungen eines Tatbestandes hält, dessen wahre Erkenntnis nicht im Interesse des Gegners liegt. Hier gibt es eine breite Skala verschiedener Möglichkeiten, von der bewußten Lüge bis zur halbbewußt instinktiven Verhüllung, von der Fremdtäuschung bis zur Selbsttäuschung. Der totale Ideologiebegriff liegt aber vor, wenn man von der Ideologie eines Zeitalters oder einer gesellschaftlichen Gruppe spricht, d.h. wenn man die gesamte Weltanschauung des Gegners, einschließlich der kategorialen Apparatur, in Frage stellt. In diesem zweiten Fall wird also nicht ein einzelner Bewußtseinsinhalt, sondern die gesamte intellektuelle Haltung des Menschen, d.h. das Wissen im allgemeinen, auf eine bestimmte Konstellation des gesellschaftlichen Seins funktionalisiert.

Heute ist es allerdings nicht schwer, Kritik an Mannheim zu üben. Um von der Kritik an Scheler ganz zu schweigen! Denn fast alles, was diesen beiden einflußreichen Begründern der Wissenssoziologie vorgeworfen werden kann, ist schon mehrmals bei verschiedenen Gelegenheiten ausgesprochen worden. Und wir möchten nicht das schon längst Bekannte noch einmal wiederholen.[9] Mit Rücksicht auf das Ganze unserer Aufgabe, der anscheinenden Wiederkehr des Mythos im Zeitalter der radikalen Entmythologisierung auf die Spur zu kommen, wird es wohl

7. Vgl. dazu Max Horkheimer/ Theodor W. Adorno, Soziologische Exkurse (Frankfurt/M: Europäische Verlagsanstalt, 1956). S. 172 - 175.

8. a.a.O., S. 8 - 11.

9. Vgl. neuerdings zur Sache: Kurt Lenk, Marx in der Wissenssoziologie (Neuwied: Luchterhand, 1972), S. 261 - 286.

mehr am Platz sein, den schon am Anfang angedeuteten Weg einer Neubesinnung auf die Frage nach der Ideologie wieder aufzunehmen und fortzusetzen.

Es braucht nicht erklärt zu werden, warum ein geschichtsphilsophischer Zugang zum Phänomen der Ideologie allein angebracht ist, warum bei der Bestimmung dieses Begriffes die epochale Situation, in der wir uns befinden, berücksichtigt werden muß. Denn dies ist gleichsam in der Natur der Sache begründet. Es gibt keine menschliche Bewußtseinsstruktur, die zu allen geschichtlichen Zeiten ideologisch festgelegt wäre, es gibt keine menschliche „Mentalität" überhaupt, die ohne weiteres als ideologisch bezeichnet werden dürfte. Als drohendes Gespenst unserer modernen Lebenswelt, ist die Ideologie eine spezifisch neuzeitliche Erscheinung.[10] Wie alle andere Grundbegriffe, die das theoretische Gerüst und die Forschungsperspektive der einzelnen Gesellschaftswissenschaften bestimmen, ist auch der Begriff der Ideologie zunächst und vor allem historisch vermittelt, d.h. auf eine bestimmte Epoche der abendländisch-europäischen Geschichte bezogen. Er setzt eine besondere gesellschaftlich-geschichtliche Situation voraus, in der die Basis der gesamten bisherigen Gesellschaftsorganisation erschüttert, in der die Sphäre des gesellschaftlichen Bewußtseins einer radikalen Umwandlung unterlegen, in der der Mensch in einen furchtbaren Konflikt mit sich selbst geraten ist. Insofern ist der Ideologiebegriff kein bloß empirischer Begriff, den man leicht mit einigen schlichten Hinweisen fassen und erläutern könnte. Übrigens wurde der Ideologiebegriff schon in seiner ersten Gestalt mit einem bestimmten gesellschaftlich-geschichtlichen Inhalt beladen, so daß seine wirkliche theoretische Tragkraft erst recht mit Rücksicht auf unsere moderne Lebenswelt erprobt werden muß.

10. Näheres darüber bei Hans Freyer, Theorie des gegenwärtigen Zeitalters (Stuttgart: Deutsche Verlags-Anstalt, 1963), S. 117 - 132. Vgl. im folgenden Helmut Kuhn, "Ideologie als hermeneutischer Begriff", in Hermeneutik und Dialektik I (Tübingen: J.C.B. Mohr/ P. Siebeck, 1970), S. 343 - 356.

Daß der Vergleich mit dem Mythos von maßgebender Bedeutung für das Verständnis der Ideologie ist, daran kann kein Zweifel bestehen. Auf vielfältige Ansätze zu einem solchen Vergleich sind wir übrigens im Laufe dieser Vorlesung schon mehrmals gestoßen. (Obwohl wir dabei freilich feststellen mußten, daß die meisten dieser Ansätze mehr auf eine kritiklose Verwechslung, als auf eine differenzierende Analyse beider Begriffe hinausliefen). Jedenfalls steht aber fest, daß der Hinweis auf die Möglichkeit und Notwendigkeit eines Vergleichs zwischen Ideologie und Mythos vollkommen mit der geschichtsphilosophischen Forderung übereinstimmt, an die Ideologie aus der Perspektive der gegenwärtigen gesellschaftlich-geschichtlichen Situation im Ganzen heranzutreten. Zum mindesten läßt uns diese Perspektive leicht zur Einsicht kommen, daß die Ideologie vortrefflich zum Mythos paßt, daß die Bezugnahme der Ideologie auf den Mythos durchaus angebracht und berechtigt ist, daß die Forderung, die Ideologie vermittels des Mythos zu verstehen, eine wahrhaftig zeitgemäße Forderung darstellt.[11] Nicht nur deswegen, weil diese beiden gesellschaftlichen Bewußtseinsformen keineswegs streng voneinander getrennt, sondern in erster Linie darum, weil sie tatsächlich eng miteinander verbunden sind. Wenn nicht eigentlich in dem Sinne, daß sie gegenseitig zusammengehören, d.h. daß sie inhaltlich gleichartig gestimmt sind, dann wenigstens gerade in dem Sinne, daß sie sich gegenseitig entsprechen, d.h. daß sie aneinander unumgänglich angewiesen sind, wie Licht und Schatten, bzw. wie Wahrheit und Schein. Wie fest Ideologie und Mythos miteinander verbunden sind, wie stark sie sich gegenseitig beleuchten und erläutern, geht schon daraus ganz deutlich hervor, daß unsere Zeit sozusagen gleichmäßig die Aktualität der beiden gesellschaftlichen

11. Vgl. insbesondere Karl Kerényi, Wesen und Gegenwärtigkeit des Mythos (München/ Zürich: Droemer/ Knaur, 1965), S. 129 - 133. Zur Erläuterung der These, daß zwischen den religiösen Mythologien der Vorzeit und den irreligiösen mythischen Realitäten unserer Zivilisation eine "funktionale Kongruenz" besteht vgl. Leszek Kolakowski, Obecnošć mitu (Die Gegenwärtigkeit des Mythos) (Paryz: Institut Literacki, 1972).

Bewußtseinsformen betont, obwohl sie letzten Endes der Ideologie den Vorrang vor dem Mythos gibt.

Um jedes Mißverständnis zu beseitigen, sagen wir sofort mit aller Entschlossenheit, daß dieser Vergleich auf keine Gleichsetzung von Ideologie und Mythos hinzielt. Der Vergleich soll eigentlich nur an den Tag bringen, daß die Ideologie einzig und allein negativ auf den Mythos bezogen werden kann, daß die Ideologie die ursprüngliche Absicht des Mythos verdreht, weil sie den mythischen Zugang zur Wirklichkeit auf eine unechte Weise wiederholt. Im großen und ganzen ist die Ideologie eine geschlossene Deutung des menschlichen Daseins und seines Ortes in der Welt, die grundsätzlich atheistisch vorgeht, die von Göttern nichts weiß, die keine übermenschliche Instanz anerkennt oder sich auf eine solche beruft. Und diese Deutung ist nicht in erster Linie auf die Wahrheit ausgerichtet, sie steht vielmehr im Dienst der Lebenspraxis.[12] Sagen wir es so: die Ideologie ist mehr ein Herrschafts- als ein Heilsmittel. Im Unterschied zum Mythos, der auf transzendente Realitäten verweist, von denen der Mensch ergriffen ist, beschränkt sich die Ideologie auf die diesseitigen Imponderabilien, um dadurch die vollkommene Manipulation des Menschen zu versichern. Insofern also die Ideologie irgendwie als sekundäre Mythologie[13] aufgefaßt werden kann, ist es doch offenkundig, daß sie nur der Form, nicht dem Inhalt nach die ursprüngliche Mythologie als ihr Vorbild hat.

Die Bezugnahme auf die Wissenschaft ist aber für das Verständnis der Ideologie nicht weniger wichtig als die Bezugnahme auf den Mythos. Sowohl als Gegensatz wie auch als Ergänzung ist diese zweite Bezugnahme tatsächlich unumgänglich. Man kann sogar sagen, daß erst dieser zweite Schritt die Frage nach der Ideologie wirklich zur Entscheidung bringt, daß erst durch ihn die volle Einsicht in die strukturelle Eigentümlichkeit des ideologischen Bewußtseins ermöglicht und gewährleistet wird. Obwohl die Ideologie mit dem Mythos, wie schon gesagt, nur

12. Helmut Kuhn, a.a.O., S. 347 - 348.

13. Unter der Titel "mythologie seconde" steht die Metaphysik bei Georges Gusdorf, Mythe et Métaphysique (Paris: Flammarion, 1953), S. 244.

negativ zusammenhängt, obwohl die Ideologie sich selbst nicht selten als eine Wiederbelebung des Mythos verstanden hat und zeitweise noch immer versteht, daraus folgt doch nicht, daß die Ideologie mit der Wissenschaft überhaupt nichts zu tun hätte. Zumal nicht, daß die Ideologie dem wissenschaftlichen Weltverhältnis feindlich gegenübersteht, daß sie ihm bewußt widerspricht.[14] Das Gegenteil ist eher der Fall. Über das Verhältnis zwischen Ideologie und Wissenschaft müssen wir gerade deswegen nachdenken, weil die Ideologie nicht nur notwendig auf die Wissenschaft angewiesen ist (insofern sie erst im Zeitalter der vollendeten Herrschaft des Logos zur Welt gerufen wurde), sondern weil sie sehr oft mit der Wissenschaft kokettiert, weil sie sehr gerne den Anspruch auf Wissenschaftlichkeit erhebt, ja sogar weil sie sich selbst sehr auffallend als die allein wahre, als die allein wirkliche Wissenschaft reklamiert. Im Sinne unserer Terminologie handelt es sich dabei selbstverständlich nicht nur um das Verhältnis der Ideologie zur Wissenschaft allein, sondern auch um ihr Verhältnis zur Philosophie. Das Verhältnis zur Philosophie steht sogar im Vordergrund.

Auf den ersten Blick hat es den Anschein, daß Philosophie und Ideologie sehr nahe aneinander kommen, daß sie viele gemeinsame Züge haben, daß sie eigentlich die Vorder- und die Kehrseite ein und derselben Bewußtseinsform ausmachen, daß sie unter dem Generalnenner der Weltanschauung stehen.[15] Vielmehr ist man geneigt, zu schließen, daß die Ideologie sozusagen die Philosophie der gegenwärtigen Welt ist, wie die Philosophie einst die Ideologie der damaligen Gesellschaften war. Denn Philosophie und Ideologie greifen weit über die Grenzen

14. Die heute herrschende technokratische Fortschrittsideologie macht sogar die Wissenschaft zum Fetisch. So Jürgen Habermas, Technik und Wissenschaft als 'Ideologie' (Frankfurt/M: Surhkamp, 1969), S. 88 - 89. Vgl. auch Georg Lukács, Geschichte und Klassenbewußtsein (Neuwied: Luchterhand, 1970), S. 72 - 73.

15. Vgl. Heinrich Rombach, Die Gegenwart der Philosophie (Freiburg: K. Alber, 1964), S. 92. Wesentliche Gesichtspunkte hierzu bringt Karl-Heinz Volkmann-Schluck, Einführung in das philosophische Denken (Frankfurt/M: V. Klostermann, 1965), bes. S. 73 - 75, 76 - 81, 84 - 93.

der Einzelwissenschaften hinaus, beiden ist das Bestreben eigen, eine allumfassende Ansicht über die Stellung des Menschen in der Welt zu entwickeln, beide sind darum bemüht, eine Antwort auf die Fragen zu geben, die am meisten den Menschen bewegen, auf die Fragen, die die letzten Dinge angehen.

So richtig es auch sein mag, daß dieser Eindruck nicht vollkommen grundlos ist, daß hier wahrhaftig eine gewisse formelle, äußerliche Analogie besteht, ist der wirkliche Sachverhalt doch ganz andersartig. Zunächst und vor allem ist die Ideologie nichts Ursprüngliches, Originelles, Eigenwüchsiges. Sie ist aus ganz verschiedenen Teilen zusammengesetzt, die der Philosophie und Wissenschaft, ja sogar der Mythologie und Theologie entlehnt sind, diese Teile sind aber nie streng in ein Ganzes verbunden, obwohl freilich der Scheincharakter dieser Einheit nicht selten sehr schwer zu entdecken ist. In dieser Hinsicht unterscheidet sich die Philosophie wesentlich von der Ideologie. Für sie ist es charakteristisch (und besonders charakteristisch ist dies für ihr Zentralgebiet, für die Metaphysik), daß sie etwas Grundlegendes, nicht etwas Abgeleitetes ist, daß sie etwas Ganzheitliches, streng methodisch Ausgeführtes, nicht etwas Zusammengeflicktes, zufällig Angehäuftes darstellt. Denn die Philosophie hat sich aus dem Mythos entwickelt, und zwar nicht indem sie sich seinen Ansprüchen gefügt, sondern indem sie seine Ansprüche den ihrigen unterworfen hat. Die Metaphysik ist die Kritik des Mythos und keineswegs seine Einweihung. Insofern überhaupt eine gewisse Analogie zwischen Philosophie und Ideologie besteht, muß gesagt werden, daß die Ideologie eine entstellte, verkehrte Form der Metaphysik, daß sie eigentlich ein Schattenbild der Metaphysik im Zeitalter der Technik ist.[16]

In der Tat hat die Ideologie kein unmittelbares Verhältnis zur philosophischen Grundfrage, sie befaßt sich überhaupt nicht mit demjenigen, was für die Philosophie so wichtig ist, sie ist

16. Vgl. Karl-Heinz Volkmann-Schluck, a.a.O., S. 74, 82 - 83, 85, 91. Ähnlich Heinrich Rombach, a.a.O., S. 94, 97. An diesen Stellen ist die Ideologie als eine "Verfallsform", ja als eine "Wesensgefahr" des neuzeitlichen Denkens gekennzeichnet.

überhaupt nicht durch die Frage nach der wahren Wirklichkeit, durch die Frage nach dem Sein alles Seienden beunruhigt. Ihre Hauptaufgabe sieht die Ideologie überhaupt nicht darin, die Wahrheit methodisch zu sichern, sondern nur darin, die Geistesenergien zu mobilisieren, die Kampfbereitschaft anzuregen und aufrechtzuerhalten. Und das bedeutet, daß die Ideologie weder eine ernsthafte gedankliche Anstrengung voraussetzt, noch überhaupt imstande ist, dem kritischen Denken Anstoß zu geben. Im Rahmen der Ideologie kann nichts wirklich gefragt werden, wie auch nichts wirklich begründet werden kann. Im großen und ganzen dient die Ideologie der Sache des Willens und nicht der Sache des Denkens. Sie fesselt, verdirbt und erstickt vielmehr jeden Denkansatz. Nicht nur, daß sie nicht entbirgt, sondern sie verbirgt eigentlich dasjenige, was wirklich ist und was sich wirklich ereignet. Und da sie sich gerade so wenig um die Wahrheit kümmert, verbirgt sie auch ihr eigenes Antlitz, und betrachtet jeden Versuch des kritischen Denkens, sich ihr anzunähern, als einen Angriff auf sich selbst. Gegen diese Versuche wehrt sie sich mit allen Mitteln der Verdächtigung und der Denunziation.

Selbstverständlich will dies nicht besagen, daß die Ideologie aus einem Stück erschaffen ist, und noch weniger, daß es nur eine einzige Ideologie gibt, um die sich heute alles dreht, auf die sich alle berufen und auf die alle einen Eid schwören. Und nicht einmal folgt daraus, daß das Gebiet der Ideologie solchermaßen uniformiert ist, daß in ihm vollkommener Friede und Ruhe herrscht. In Wirklichkeit ist die Ideologie in sich zerrissen, sie erscheint nie in Einzahl, sondern immer in Mehrzahl. Es bestehen heute mehrere verschidene Ideologien, die ganz verschiedene Sprachen sprechen und die einander alles mögliche bestreiten, einschließlich das Existenzrecht. Zwischen den mächtigsten und einflußreichsten heutigen Ideologien wütet ein wirklicher Krieg, der anscheinend heftiger ist, als der Krieg zwischen irgendwelchen von diesen Ideologien und einer anderen gesellschaftlichen Bewußtseinsform. Obwohl aber die Ideologien so scharf gegeneinander stoßen, vereinigen sie sich doch alle sehr leicht gegen den gemeinsamen Feind – gegen das kritische Denken, das sie entlarvt.

Warum hat die Ideologie heute die Philosophie so weit in den Hintergrund zurückgedrängt, warum ist sie heute zum hauptsächlichen Nahrungsmittel der Menschenseele geworden? Offensichtlich deswegen, weil die Ideologie einem wesentlichen Menschenbedürfnis entgegenkommt. Heute verfügen wir über Mittel, dank denen wir alles verfertigen können, was wir wollen, alles, was wir uns wünschen. Allein das Denken, das uns befähigt, alle diese Mittel zu erzeugen, ist rein technisch beschaffen. Es ist zu kurz, uns darüber zu belehren, was wir zu wollen, welchen Zweck wir uns zu stellen haben. Dies ist kein zufälliger Mangel dieses Denkens, sondern sein wesentliches Merkmal. Es ist das eigentliche Ziel der Ideologie, wenn man hier von Zielen überhaupt sprechen darf, eine totale Herrschaft des Willens zu ermöglichen und zu versichern,[17] gleichviel ob im Bereich der Technik oder der Politik. Das Bedürfnis nach der Ideologie ist dringend im Zeitalter der Kybernetik, im Zeitalter der bedingungslosen Herrschaft des Willens, denn auf diese Weise soll das Streben nach der grenzenlosen Steigerung der Macht, das das Wesen unserer modernen Lebensweise ausmacht, verschleiert, d.h. es soll auf diese Weise die Ziel- und Sinnlosigkeit des Lebens, in dem der Wille herrscht, der nur sich selbst und nichts anderes will, verborgen werden.

17. Vgl. dazu Karl-Heinz Volkmann-Schluck, a.a.O., S. 81.

14. IDEOLOGIE ALS GELEBTE UNWAHRHEIT

Und nun zum Schluß noch ein flüchtiger Hinweis auf die Marxsche Ideologiekritik, die wir erst in Zusammenhang mit den schon gewonnenen Ergebnissen zu bringen vorhaben. Freilich müssen wir uns dabei nur auf das Wesentliche beschränken und alles andere beiseite lassen, wenn wir unser Ziel überhaupt erreichen wollen. Die Problematik der Marxschen Ideologiekritik übersteigt nämlich die Grenzen einer jeden Spezialuntersuchung - denn sie steht im Zentrum der Marxschen Kritik der bürgerlichen Gesellschaft überhaupt - so daß die Bemühung um eine vollständige Entfaltung ihrer Konsequenzen eine systematische Auseinandersetzung mit dem ganzen Lebenswerk von Marx nach sich ziehen müßte. Nicht nur, daß wir in eine furchtbare Verlegenheit, sondern auch auf einen gefährlichen Abweg geraten könnten, wenn wir uns anmaßen würden, auf alle Schichten und Einzelheiten dieser Kritik einzugehen. Vom Standpunkt der anspruchsvollen Marxphilologie aus kann also das Folgende nur als eine vorbereitende Skizze angesehen werden.

Es ist ein weit verbreitetes Vorurteil, als habe Marx seine Ideologiekritik nur in Bezug auf die Sphäre des Bewußtseins konzipiert, als habe er diese Kritik nur auf die wichtigsten Bestandteile des „Überbaus" bezogen. Man muß endlich einmal mit diesem Vorurteil aufräumen. Es kann gar keine Rede davon sein, daß die Marxsche Ideologiekritik nur mit der Theorie, nur mit den intellektuellen Gebilden zu tun hat. Nicht einmal die Theorie stand im Vordergrund dieser Kritik, geschweige denn, daß sie sich in ihr ausschöpfen könnte. Im Rahmen der Marxschen kritischen Einstellung zur Welt und zum Leben wurde keineswegs nur das Denken dem Ideologieverdacht ausgesetzt. Obwohl die weltanschaulichen Fragen eine bedeutende Rolle im Marxschen Problemhorizont unzweideutig spielten, hat er doch nie die Wichtigkeit dieser Fragen überschätzt. Eine solche

Überschätzung wäre nicht nur unverständlich, sondern sie würde sogar dem tiefsten Sinn seiner Denkweise widersprechen. In der Tat bezieht sich die Marxsche Ideologiekritik nicht minder auf den „Unterbau" als auf den „Überbau",[1] ja sie nimmt immer schon Theorie und Praxis in eins, wobei unter „Praxis" nicht mehr und nicht weniger als die gesamte menschliche Lebensproduktion verstanden wird.

Der schon längst eingebürgerte und berühmt gewordene Begriff der Ideologie als der des „falschen Bewußtseins" entspricht nicht den wahren Intentionen von Marx, sondern führt vielmehr unvermeidlich von seinen ursprünglichen und wesentlichen Einsichten ab.[2] Im Horizont des Marxschen Denkens kann nämlich der Begriff der Ideologie überhaupt nicht korrekt bestimmt werden, solange man die ganze Frage im erkenntnistheoretischen Bereich stellt, solange man das Ideologische ausschließlich innerhalb der Sphäre des Bewußtseins zu fassen versucht. Ein rein theoretisches Verhalten des Bewußtseins zu einem „gegebenen", „an sich bestehenden", „wirklichen" oder „objektiven" Gegenstand, den es nur genau zu erkennen oder richtig abzubilden versucht, d.h. mit dem es genau übereinzustimmen wünscht - ist schon ein entfremdetes, d.h. ideologisches Verhältnis. Alles was theoretisch wirklich relevant ist, mag es noch so sehr dem Schein der Selbständigkeit verhaftet sein, muß irgendwie praktisch vermittelt werden. Jede wesentliche theoretische Frage ist zugleich auch eine wirkliche Lebensaufgabe, und die Philosophie, welche das nicht einsieht, hat sich schon in die Ideologie verwandelt.

Nach der ursprünglichen und unverkennbaren Ansicht von Marx hat alle Theorie ihre praktische Wurzel. Das gilt für die Philosophie nicht minder als für die Wissenschaft und sonstige

1. Das ist die Grundthese einer anspruchsvollen Untersuchung von Dietrich Böhler, Metakritik der Marxschen Ideologiekritik (Frankfurt/M: Suhrkamp, 1971), S. 9.

2. Vgl. dazu Milan Kangrga, "Ideologie als Form des menschlichen Daseins", Philosophische Perspektiven, II (1970), S. 158 - 167. Wichtige Hinweise bei Jürgen Habermas, Theorie und Praxis. Sozialphilosophische Studien (Frankfurt/M: Suhrkamp, 1974), S. 436 - 439.

Geistesproduktion. Sogar gilt das für die Philosophie im gesteigerten Grad. Sie ist alles andere eher als reine Abstraktion, d.h. besondere Bewußtseinsform, die vom gesellschaftlichen Sein abgespalten ist, die diesem Sein vollkommen selbständig gegenübersteht. Obwohl sie betont autonomische Ambitionen hegt, ist doch die Philosophie keine platonische Idee, die sich selbst begründet und erhält. Gerade dadurch, daß sie sich vom gesellschaftlichen Sein verselbständigt, daß sie sich aus den unmittelbaren Bezügen zum gesellschaftlichen Lebensprozeß herauslöst, wird die Philosophie erst recht von ihm abhängig.[3] Letzten Endes läuft diese Abhängigkeit auf die Hypostasierung der gesellschaftlich-geschichtlichen Wirklichkeit hinaus: das ideologische Bewußtsein widerspiegelt die jeweilige Formen der gesellschaftlichen Macht, und zwar in ihrer puren als naturwüchsig erscheinenden Gegebenheit, da es die Produkte der menschlichen Praxis nicht mehr im geschichtlichen Sinnzusammenhang zu erblicken vermag.

Es ist wohl zu beachten, daß die praktische Bezugsmitte der Ideologie bereits verzerrt, und nicht erst nachträglich derart gemacht worden ist. Das ideologische Bewußtsein richtet sich nach einer besonderen Ausprägung der gesellschaftlichen Praxis, die selbst in der Abstraktion verharrt. Mit der scheinbaren Verselbständigung der Theorie geht nämlich eine solche der Praxis Hand in Hand. Oder richtiger muß ihr eine solche Veränderung auf der anderen Seite entsprechen, wenn schon nicht vorangehen. Und das besagt, daß die ideologische Verfälschung des gesellschaftlichen Lebensprozesses nur unter der Voraussetzung einer ganz bestimmten praktischen Stellungnahme möglich ist, d.h. einer Stellungnahme, die ihre wahre menschliche Bedeutung verloren hat. Die Praxis hört aber auf, sinnhafte menschliche Tätigkeit zu sein, wenn sie in die Anonymität verfällt, wenn sie die Verhältnisse zwischen den Menschen zum Warenfetisch verwandelt. Insofern ist es unzweifelhaft, daß der Ursprung des ideologischen Scheins in der Verdinglichung der gesellschaft-

3. Vgl. Hans Barth, Wahrheit und Ideologie (Zürich: E. Rentsch, 1961), S. 161 - 162, 165 - 166.

lichen Praxis liegt, d.h. daß die Theorie, die sich als bloße Theorie entfaltet in der Tat den Weg der Praxis wiederholt, die in der Positivität einer objektiven Gegenständlichkeit erstarrt ist.[4]

Offensichtlich kann die Marxsche Ideologiekritik nicht ganz einfach einer traditionellen, wie immer auch gearteten Erkenntniskritik gleichgesetzt werden. Ihre polemische Schärfe richtet sich gegen die falsche Praxis nicht minder als gegen die falsche Theorie. Unter dem Titel der Ideologiekritik denunzierte eigentlich Marx die ganze bürgerliche Lebensweise, und nicht nur vereinzelte Äußerungen des bürgerlichen Geistes. Ja er verurteilte vielmehr unter diesem Titel die ganze bisherige Geschichte der Menschheit, indem er feststellte, daß diese Geschichte hinter dem menschlichen Niveau zurückgeblieben ist, daß in ihr die Menschen weder etwas von dem, was sie taten, wirklich gewußt haben, noch sich nach dem, was sie wußten, in ihrem Tun wirklich richten konnten.[5]

Daß sich der Begriff der Ideologie überhaupt nicht auf den des „falschen Bewußtseins" reduzieren lässt, folgt übrigens unmittelbar aus jener oft zitierten, aber selten durchdachten Worten von Marx, daß es „nicht das Bewußtsein der Menschen ist, das ihr Sein, sondern umgekehrt ihr gesellschaftliches Sein, das ihr Bewußtsein bestimmt",[6] und daß „das Bewußtsein nie etwas anderes als das bewußte Sein (d.h. das Bewußtsein des Seins) sein kann".[7] In diesen Worten ist die ontologische Gebundenheit der Ideologie gleichsam programmatisch fixiert. Diese Gebundenheit gilt nun als ihre maßgebende Bestimmung. Wenn nämlich das Verhältnis des Bewußtseins zum Sein grundsätzlich derart beschaffen ist, daß das Bewußtsein immer vom Sein abhängt, d.h. ihm nachfolgt, dann kann die Ideologie überhaupt nicht das falsche, sondern nur das richtige Bewußtsein sein,

4. Unter dem Grundphänomen der Verdinglichung versteht Marx die Verwandlung der Warenbeziehung in ein Ding von „gespenstiger Gegenständlichkeit". Vgl. Kapital I, MEW 25 (Berlin: Dietz, 1962), S. 85. Der Ausdruck „Verdinglichung" stammt von Lukács, Geschichte des Klassenbewußtseins (Neuwied: Luchterhand, 1970), S.174. Vgl. zur Stelle Theodor W. Adorno, Negative Dialektik (Frankfurt/M.: Suhrkamp, 1975), S. 190 - 193.

5. So Jürgen Habermas, a.a.O., S. 438.

6. Zur Kritik der Politischen Ökonomie, MEW 13 (Berlin: Dietz, 1961), S.9.

7. Deutsche Ideologie, MEW 3 (Berlin: Dietz, 1958), S. 26.

jedoch nicht das richtige Bewußtsein des wahren Seins, sondern das richtige Bewußtsein des falschen Seins. Streng genommen ist dieses Verhältnis doch kein dialektisches im vollen Sinne des Wortes, da das ideologische Bewußtsein seines eigenes Wesens nicht bewußt ist, da es über die richtige Falschheit, in der es gefangen ist, nicht im geringsten reflektiert.[8] Im Sinne der Marxschen wesentlichen Einsicht, können wir also sagen: Ideologie ist die adäquate Erkenntnis der menschlichen Gesamtlage unter den Bedingungen der bisherigen Lebensproduktion, sie ist dem entfremdeten, d.h. falschem Sein gemäß, sie entspricht dem Schein des menschlichen Lebens, sie ist eigentlich die gelebte Unwahrheit[9] selbst, d.h. jene Form des menschlichen Daseins, die auf dem Vergessen alles wesentlich Menschlichen beruht, die inmitten einer drohend wachsenden Entfremdung als die natürlichste mögliche Form des menschlichen Daseins erscheint.

Auch in einer anderen Hinsicht entspricht die überlieferte Auffassung der Ideologie nicht den wahren Intentionen von Marx. Wenn es überhaupt not tut, auf ein solches Nichtentsprechen separat hinzuweisen. Für Marx ist nämlich Ideologie kein baldiges Ereignis, keine neue Entdeckung, kein jüngstes Phänomen. Sie besteht seit jeher, und ist nicht erst im Entstehen begriffen. Als eine verhängnisvolle Macht umfaßt sie das jeweilig Bestehende, ja ihr Walten erstreckt sich über die ganze Menschengeschichte. Das ist eine merkwürdige Feststellung, die man nicht leicht mit der grundsätzlichen Konzentrierung der Marxschen Ideologiekritik auf die Kritik der modernen bürgerlichen Welt in Einklang bringen kann. Jedenfalls bestand Marx darauf, daß die Ideologie kein besonderes Merkmal irgendeiner bestimmten geschichtlichen Epoche ist; sie ist nicht eine neue, sondern eine sehr alte Erscheinung. Im Zeitalter der kapitalistischen Produktion ist die Herrschaft der Ideologie nur erheblich sublimer geworden (und dabei auch grotesk prätentiöser im Vergleich zu einstigen Formen), so

8. Vgl. Klaus Hartmann, Die Marxsche Theorie (Berlin (W.de Gruyter, 1970), S. 201: „Ideologie ist ... eine Selbsttäuschung, die wahr ist bezogen auf die entsprechende Basis der bürgerlichen Wirklichkeit, von höherer Warte aus aber durchschaut werden kann als Unwahrheit".

9. Der Ausdruck „existente Unwahrheit" findet sich bei Jürgen Habermas, a.a.O., S. 436.

daß man von ihrer Totalisierung, und nicht bloß Erweiterung sprechen muß.[10] Darin liegt auch der Grund (wie wir noch sehen werden), daß man erst neulich den ideologischen Schein in der ganzen bisherigen Geschichte durchschauen konnte.

Die Bestimmung der Ideologie als einer verkehrten Form und Daseinsweise des Menschen, deren wahre Bedeutung ihrem Träger, d.h. dem von ihr ergriffenen Menschen verborgen bleibt, drängte Marx unausweichlich dazu, auf die Ideologiehaftigkeit aller wichtigsten Kulturgebilden der historischen Menschheit zu schließen. Anstatt nach einer spezifischen, besonderen und selbständigen, jedenfalls aber streng profilierten historischen Kulturform zu suchen, in der angeblich die Ideologie als solche, sozusagen in ihrer ersten Gestalt, verkörpert sein sollte, begnügte er sich damit, dem konkret Ideologischen[11] nachzujagen, d.h. ideologische Elemente in den überlieferten Grundformen der menschlichen Kulturtätigkeit zu entlarven. Seiner Meinung nach gibt es keine Ideologie im Sinne eines bestimmten kulturellen Form- und Gestaltungswillens, gab es keine und wird es keine geben, weder in der Gegenwart, noch in der Vergangenheit oder Zukunft. Sie ist keineswegs eine besondere gesellschaftliche Bewußtseinsform, die neben und unabhängig von den anderen, schon früher bekannten und anerkannten Formen bestehen würde, geschweige denn, eine besondere Kulturmacht, die man neben, unter oder über Mythos, Religion und Philosophie stellen kann. In der Tat ist die Ideologie nur ein Moment, ein Zug, ein Akzent an den jeweiligen Kulturmächten und -ordnungen; sie durchdringt alle diese Mächte und Ordnungen, sie waltet über sie alle, sie ist in allen ihnen gegenwärtig.

Mit einer erstaunlichen Rücksichtslosigkeit, die fast an Zynismus grenzt, lehnte sich Marx gegen die traditionell am meisten geschätzten und angesehenen Errungenschaften des menschlichen Geistes - namentlich gegen Mythos, Religion und Philosophie - deren Lebensbedeutsamkeit bereits die aufklärerische

10. Vgl. Herbert Marcuse, One-Dimensional Man. Studies in the Ideology of Advanced Industrial Society (Boston: Beacon, 1964), S. 11 - 12.

11. Milan Kangrga, a.a.O., S. 166.

Kritik fragwürdig gemacht hat. Nichts Großes und Wertvolles hat Marx an diesen historischen Wirkkräften gesehen, nichts anderes lag ihm so nahe am Herzen wie der Wunsch, ihre Beschränktheit, Verfehltheit und Überholtheit endlich einmal bloßzulegen. Seinen Worten zufolge beherrscht der Mythos die Naturkräfte nur fiktiv,[12] in der Vorstellung, wie die Religion nur ein illusionäres Glück für das irdische Elend darbietet,[13] und die Philosophie nur eine scheinbare Erkenntnis der gesellschaftlich-geschichtlichen Wirklichkeit darstellt.[14] Das gemeinsame Substrat aller dieser gesellschaftlichen Bewußtseinsformen ist die „spekulative Einbildung".[15]

Der Mythos ist verwerflich, da ihm jede wissenschaftliche Kenntnis der kausalen Zusammenhänge fehlt, auf Grund deren nur ein effektives Einwirken auf die Natur möglich ist. Übrigens ist die Lebensdauer des Mythos begrenzt: er verschwindet mit der Errichtung der wirklichen Herrschaft des Menschen über die Natur.[16] Gegen die Religion, die er völlig vom Mythos trennte, erhob Marx den Vorwurf, daß sie nichts Wahres enthält. Sie ist nur „die illusorische Sonne",[17] „der Seufzer der bedrängten Kreatur",[18] „die Heiligengestalt der menschlichen Selbstentfremdung".[19] Keine weltverändernde Wirkung ist ihr eigen. Sie ist „die phantastische Verwirklichung des menschlichen Wesens, weil das menschliche Wesen keine wahre Wirklichkeit besitzt."[20] Daß die Religion nicht den Menschen, sondern der Mensch die Religion macht, darüber war Marx nicht im Zweifel. Und zwar

12. Einleitung zur Kritik der Politischen Ökonomie, MEW 13 (Berlin: Dietz, 1961), S. 641.

13. Zur Kritik der Hegelschen Rechtsphilosophie, MEW 1 (Berlin: Dietz, 1957), S. 378 - 379.

14. Die Heilige Familie, MEW 2 (Berlin: Dietz, 1957), S. 89 - 90.

15. MEW 2, S. 90.

16. MEW 13, S. 641. Diese Feststellung steht nicht im Einklang mit der Marxschen späteren Einsicht, die er in einem Brief an Kugelmann vom 27.7. 1871 deutlich ausgedrückt hat. Vgl. MEW 33 (Berlin: Dietz, 1966), S. 252.

17. MEW 1, S. 379.

18. MEW 1, S. 378.

19. MEW 1, S. 379.

20. MEW 1, S. 378.

erscheint bei ihm nicht der abstrakte Einzelmensch als der Schöpfer der Religion, sondern die menschliche Gesellschaft als Ganzes, als ein bestimmtes System der Beziehungen zwischen den Menschen. Diese Gesellschaft produziert „ein verkehrtes Weltbewußtsein", weil sie selbst „eine verkehrte Welt"[21] ist. Vermittels der Religion spendet die Gesellschaft Trost dafür, daß sie den Menschen den Zugang zu den irdischen Gütern verweigert, stellt sie den Menschen in Aussicht, daß sie im Jenseits dasjenige erreichen werden, was ihnen im Diesseits unzugänglich ist.

Der letzte Grund der Religion liegt also nicht im Menschen, in seiner geistig-seelischen Verfassung, in irgendwelcher spezifischen menschlichen Eigenschaft (wie es Feuerbach vermeinte), sondern in den Bedingungen des menschlichen Zusammenlebens. Die Religion ist ein Produkt der „verrückten Gesellschaft".[22] Das ist eine Bewußtseinsform, die diese Verrücktheit verhüllt, die sich danach richtet, die menschliche Aufmerksamkeit von der Verrücktheit, in der er lebt, abzulenken. Die Religion begnügt sich damit, das wirkliche Elend, in dem sich der Mensch befindet, zum Ausdruck zu bringen, als ob schon dadurch ein Protest gegen dieses Elend erhoben sein würde. Nun glaubte Marx, daß die Kritik der Religion eine wesentliche, eine unentbehrliche Voraussetzung der menschlichen Befreiung ist. Man kann keinen wirklichen Fortschritt auf diesem Weg vollziehen, man kann nichts für die Sache der menschlichen Befreiung tun, solange sich der Mensch einer höheren, übernatürlichen Macht beugt, solange er sich einbildet, daß sein irdisches Leben eine jenseitige Rechtfertigung braucht. Um das falsche Bewußtsein zu überwinden, muß man aber die Welt verändern, die dieses Bewußtsein produziert, ja man muß den Zustand aufheben, in dem die Menschen das Bedürfnis nach der Religion haben. Insofern setzte sich Marx viel entschiedener für die revolutionäre Umwandlung der menschlichen Gesellschaft ein, als für die refor-

21. MEW 1, S. 378.

22. Vgl. MEW 3, S. 39 - 40. Über das Verhältnis von Marx zu Feuerbach vgl. Karl Löwith, Von Hegel zu Nietzsche. Der revolutionäre Bruch im Denken des 19. Jahrhunderts. Marx und Kierkegaard (Stuttgart: W. Kohlhammer, 1964), S. 375 - 379.

mistische Säuberung des menschlichen Bewußtseins, insofern stand bei ihm der Kampf gegen die gesellschaftlichen Götzen vordringlicher an der Tagesordnung, als der Kampf gegen die himmlischen Götter.

Was nun die Philosophie anbetrifft, die auch zur Ideologie mitgerechnet, ja als letzte und höchste Ausprägung des ideologischen Bewußtseins gestempelt wurde, da ist zunächst zu bemerken, daß Marx der Philosophie eine unvergleichlich größere Aufmerksamkeit gewidmet hat, als dem Mythos und der Religion, und daß im Rahmen seiner Ideologiekritik ihr vielleicht am schlimmsten widerfahren ist. Nicht nur, daß sie dem schrecklichsten Hohn ausgesetzt wurde, dem Leben völlig entfremdet zu sein, was Marx dazu veranlaßte, ihr jeden Erkenntniswert abzusprechen, und zwar mit der Begründung, sie befasse sich mit der künstlich konstruierten Geschichte des absoluten Geistes und die wirkliche Geschichte des Menschen außer sich liegen lasse.[23] Darüber hinaus wurde die Philosophie grob angeklagt, Erscheinung und Wesen auseinanderzureißen, ja die „Erscheinungsform" für das „Wesen der Dinge" zu halten.[24] Anscheinend läßt diese letzte Formulierung keinen Zweifel daran, daß Marx nicht eine bestimmte Philosophie als Ideologie verurteilte, sondern die Philosophie als solche und im allgemeinen. Jede philosophische Position war für ihn wirklich schon von vornherein im Bereich des Ideologischen angesiedelt, ungeachtet dessen, ob sich ihre Anhänger mehr oder weniger geschickt unter dem Schirm der wissenschaftlichen Objektivität zurückzuziehen und zu verdecken verstanden haben.

Angesichts einer solchen Formulierung muß man freilich auf der Hut sein. Es wäre vielleicht richtiger zu sagen, daß Marx doch vorzugsweise eine bestimmte Philosophie, die Philosophie Hegels, in Augen hatte, wenn er über die Philosophie überhaupt sprach. Diese letztere galt ihm nicht nur als Inbegriff, sondern auch als Paradigma aller Philosophie. Das war keine zufällige

23. MEW 2, S. 90.

24. Vgl. Kapitel III, MEW 25 (Berlin: Dietz, 1964), S. 825. Vgl. dazu Georg Lukács, a.a.O., S. 68 - 69.

Stellungnahme eines Sonderlings. In der Jugendzeit von Marx, während seiner Lehrjahre, stand bekanntlich die Philosophie Hegels im großen Ansehen – sie wurde vielmehr als die Philosophie schlechthin anerkannt, und zwar nicht nur von ihren begeisterten Anhängern, sondern auch von jenen, die sich ihr gegenüber kritisch eingestellt haben – so daß Marx in dieser Hinsicht nicht im geringsten originell war. Mit seiner Bevorzugung der Hegelschen Philosophïe hat er sich eigentlich nur einer damals üblichen und weit verbreiteten Geisteshaltung angeschlossen.

Sei dem nun wie es wolle, jedenfalls ist es unbestreitbar, daß Marx sich sehr viel mit Hegel beschäftigt, und daß ihm diese Beschäftigung „unendliches Kopfzerbrechen“[25] verursacht hat. Diese Beschäftigung hat sich aber als fruchtbar erwiesen. In seiner Kritik an Hegels Philosophie (die wir hier freilich nicht einmal in gröbsten Zügen wiedergeben, geschweige denn ausführlich besprechen können), hat Marx den entscheidenden Schritt in der Entfaltung seines eigenen Standpunkts vollzogen. Innerhalb dieser Kritik hat er, unter anderem, die wesentliche Bestimmung der Ideologie gegeben, und nicht nur eine Nominaldefinition jener Form, die sich in der Philosophie kundgibt. Insofern ist diese seine Kritik wirklich höchst bedeutsam. Für Marx stand nämlich fest, daß Hegel das Wesen der Philosophie als Ideologie musterhaft ausgedrückt hat. Der ideologische Charakter der Hegelschen Philosophie zeigt sich darin, daß sie etwas zufällig Gegebenes als das Notwendige und Unabänderliche erfaßt, daß sie das Widersinnige als das Natürliche und Normale aufstellt; daß sie das entfremdete Leben des Menschen als sein wahres menschliches Leben annimmt und rechtfertigt. Nach der Ansicht von Marx begreift nämlich Hegel die entfremdete Arbeit als das Wesen des Menschen, ja er verherrlicht „die Entäußerung des sich wissenden Menschen“ als seine wahre menschliche Bestimmung, als sein „Fürsichwerden“[26], als seine Selbstbejahung, Selbstbestätigung. Nichts

25. Wie er sich selbst in einem Brief an seinen Vater vom 10.11.1837 ausgedrückt hat. Vgl. MEW Ergänzungsband 1 (Berlin: Dietz, 1968), S. 9.
26. Ökonomisch-philosophische Manuskripte, MEW Ergänzungsband 1

negatives findet Hegel an der Arbeit. Auf diese Weise stellt er sich auf den „Standpunkt der Nationalökonomie“[27], d.h. auf den Standpunkt der bürgerlichen Gesellschaft – das Bestehende erscheint ihm als die einzig mögliche Form und Daseinsweise des Menschen. Im Rahmen seiner Philosophie erklärt also Hegel das wesentlich Unwahre als das Wesen des wahren Seins.[28] Nach ihm ist die Selbstbestätigung der eigenen Entfremdung die einzig wirkliche Perspektive der menschlichen Tätigkeit auf dieser Erde.

Nun glaubte aber Marx, daß die Zeit gekommen ist, den ideologischen Schein endlich einmal zu durchschauen. Nie früher in der Geschichte sollten die Aussichten dafür günstiger sein, als bei seiner Lebzeiten. Mit einer fast prophetischen Rhetorik, die keine ihresgleichen in der wissenschaftlichen Welt hat, versicherte Marx seinen Zeitgenossen, daß sie in einer Zeit leben, in der das Ende der Ideologie notwendig geworden ist, in der das Bestehende nicht mehr vor der Veränderung zu bewahren ist, in der die Notwendigkeit einer Veränderung, d.h. einer Überschreitung der bürgerlichen Gesellschaft auf der Tagesordnung der Geschichte steht. Mit der Etablierung der Philosophie als Ideologie ist zum mindesten die Möglichkeit eines Durchbruchs sichtbar geworden. Die Totalisierung der Ideologie als einer gelebten Unwahrheit hat den Bruch in ihrem Herrschaftsmechanismus zur Folge. Plötzlich dreht sich alles um. Die scheinbare Positivität, in der Hegel die bürgerliche Gesellschaft spekulativ vollendet hat, fordert uns auf, nicht nur eine theoretische Antwort auf seine Philosophie zu geben, sondern sie vielmehr praktisch aufzuheben. Im Gegensatz zur richtigen ideologischen Abbildung des gegebenen, d.h. entfremdeten, scheinbaren Seins, erhebt Marx den Anspruch auf die „schonungslose Kritik alles Bestehenden“, die durch die revolutionäre Praxis vermittelt werden soll. Er findet, daß sich das Denken nicht unbedingt dem falschen

(Berlin: Dietz, 1968), S. 574. Vgl. zur Stelle Klaus Hartmann, a.a.O., S. 123-124.

27. MEW Ergänzungsband 1, S. 574.
28. Vgl. Milan Kangrga, a.a.O., S. 164.

Sein beugen muß, daß es sich vielmehr von ihm distanzieren, ja daß es sich ihm sogar energisch widersetzen kann. Das ist die dritte und zugleich die am meisten eigenartige Möglichkeit des Verhältnisses von Sein und Denken. Sie erfordert eine bestimmte Konstellation des gesellschaften Seins, die gerade eingetreten ist. Das ist der Standpunkt der Revolution (oder Standpunkt der Verwirklichung der Philosophie), dessen Schwerpunkt außerhalb des Bestehenden liegt; d.h. das ist der Standpunkt des noch nicht Seienden, des noch nie Dagewesenen, des Zukünftigen. Mag es noch so sicher sein, daß die Marxsche Perspektive die Möglichkeit einer adäquaten geschichtlichen Situierung des jeweilig Gegebenen eröffnet, es ist doch nicht leicht zu entscheiden war für ein neues Weltverhältnis der künftigen Menschheit Marx anvisierte, da er seinen Ausgangspunkt, wenigstens seit den reiferen Jahren, von den nicht mehr metaphysisch bestimmten Wesensmöglichkeiten des Menschen genommen hat.

ANHANG

Anhang

DIE PHILOSOPHISCHE KRISIS DER GEGENWART

Die Zeit ist längst vergangen, als sich die Philosophie das Recht anmaßte, im Namen der Menschheit zu sprechen, als sie es als ihre Hauptaufgabe betrachtete, die Menschheit zu erziehen, die Menschlichkeit zu unterstützen und zu fördern, als sie es sich angelegen sein ließ, zum letzten Grund des Seienden vorzudringen, das Vernünftige mit dem Wirklichen zu versöhnen und letztlich den Glauben zu rechtfertigen und zu festigen, daß das menschliche Leben sinnvoll und wert sei gelebt zu werden. Uns, die wir den Vorzug haben, in der zweiten Hälfte des 20. Jh. zu leben, erscheint nichts so weit entfernt und unwirklich wie eine Philosophie, die ihrem Begriff entspricht, eine Philosophie, die das menschliche Leben im ganzen zur Wahrheit hinlenkt und den Menschen auf den Weg der Erkenntnis von Gut und Böse führt. Sogar die Erinnerung an diese längst vergangene Zeit, in der die Philosophie eine machtvolle Geisteskraft bildete und ihr eine außerordentlich wichtige Rolle im kulturellen Leben des Abendlandes zukam, scheint allmählich zu verblassen. Wie sehr unterscheidet sich ihre gegenwärtige Lage in jeder Hinsicht von ihrer früheren! Wie uns die tagtägliche Erfahrung lehrt, steht die Philosophie in der modernen technisch-zivilisierten Welt in keinem hohen Ansehen, ihr Prestige ist erschreckend gesunken und ihr Einfluß kaum spürbar. Wir können uns auf Schritt und Tritt davon überzeugen, daß die Philosophie ihr Wesen einschneidend gewandelt hat, so daß ihre jüngsten Ausläufer an ihren früheren Ruhm und ihre Größe nicht im entferntesten heranreichen. An der Schwelle einer der größten Wenden in der menschlichen Geschichte, am Übergang von der Ära der traditionellen Hirten- und Bauernkulturen zur Ära der wissenschaftlichen, technischen und industriellen Zivilisation können wir wohl mit

Recht die Frage stellen: Ist die Zeit der Philosophie nicht ein für allemal vorbei, ist die Philosophie nicht eine veraltete und überwundene Art und Weise kulturellen Schaffens und Ausdrucks, ist das Schicksal der Philosophie nicht endgültig besiegelt?

Ungeachtet dessen, ob und in welchem Maße es angebracht ist, mit Besorgnis und Mißtrauen auf die Zukunft der Philosophie zu blicken, so bleibt unbestritten, daß die Philosophie heute eine ganz unzeitgemäße Erscheinung ist, im geistigen Leben des gegenwärtigen Menschen eine untergeordnete Stellung einnimmt und daß sie in der gegenwärtigen Welt alles andere als eine Schicksalsmacht ist. Man braucht nur einen flüchtigen Blick auf das zu werfen, das sich heute als Philosophie ausgibt, um zu erkennen, daß diese Nachfolgerin der früheren Philosophie im luftleeren Raum schwebt, daß sie isoliert von der Welt ist, keinerlei Einfluß auf die Gestaltung der Gegenwart hat und noch viel weniger an der Vorbereitung der Zukunft wirkt, sich also nur den Anschein gibt, an der gegenwärtigen Entwicklung mitzuwirken, während sie eigentlich unwiederbringlich der Vergangenheit angehört. Zweifellos sind heute auch die letzten Quellen der philosophischen Inspiration versiegt, hat die Philosophie bei der Verkündigung der ewigen Wahrheiten ihre ganze Kraft erschöpft und ist weder in der Lage, sich für die wahre Befreiung des Menschen einzusetzen, noch den Glauben an den wahren Sinn und die wahre Form des Lebens zu bekräftigen. Auf irgendeine Weise sind heute alle Ansichten über übersinnliche Wesenheiten und metaphysische Welten diskreditiert, der Glauben an die Absolutheit des transzendentalen Subjekts wurde aufgegeben, und man gelangte zu dem Schluß, es sei unmöglich, das göttliche Sein begrifflich zu erkennen und zu bestimmen. Unter den Philosophen und nicht minder unter den abseits stehenden Beobachtern ist die Überzeugung allgemein verbreitet, daß sich die Philosophie in der Krise befindet, daß die Philosophie alle Möglichkeiten zum Verständnis und zur Deutung der Welt ausgeschöpft habe, daß im Rahmen der Philosophie kein Fortschritt mehr möglich sei und nichts mehr getan werden könne.

Nicht von ungefähr hält man heute überall mehr von der Wissenschaft als von der Philosophie, hat die Wissenschaft im Leben des gegenwärtigen Menschen längst den Platz eingenommen, der früher der Philosophie anheimfiel, wissen heute alle ganz genau, daß die Wissenschaft besser, nützlicher und erfolgreicher ist als die Philosophie. Die moderne Wissenschaft steht nämlich wirklich im Mittelpunkt des gegenwärtigen Geschehens, ihr kommt die entscheidende Rolle bei der Bestimmung und Feststellung der Wirklichkeit zu, sie ist die machtvollste Kraft unserer Zeit. Dem Interesse der Philosophie ist auch kaum damit gedient, wenn man sich auf den Umstand beruft, daß Wissenschaft und Philosophie historisch eng verbunden sind, daß die Wissenschaft aus der Philosophie hervorgegangen ist, indem sie ihr geistiges Kernstück zertrümmerte und die Bemühungen der Philosophie ihren operativen Aufgaben unterordnete. All das darf uns keinesfalls zu dem Schluß verleiten, daß die Auflösung der Philosophie in der Wissenschaft deren wichtigste und noch viel weniger ihre einzige Möglichkeit darstellt. Noch weniger sollten wir daraus schlußfolgern, die Philosophie habe eben durch ihr Einmünden in die Wissenschaft ihren Höhepunkt erreicht, verdanke allein ihrem Übergang zur Wissenschaft die höchste Anerkennung und die moderne Welt der Maschinentechnik und Industrie sei die eigentliche Wahrheit der Philosophie; als ob die Philosophie als solche für alles, was unter ihrem Namen, und sogar dafür, was ihren tiefsten und ursprünglichen Absichten zuwiderläuft, verantwortlich gemacht werden könnte.

Offensichtlich besteht heute eine gewisse Ungleichheit zwischen der gesellschaftlichen Stellung und der gesellschaftlichen Funktion der Philosophie, weil ihr äußerlicher Erfolg und ihr Voranschreiten in den meisten Ländern der gegenwärtigen Welt nicht ganz ihrer Bedeutung und Rolle im vorhandenen Bildungs- und Erziehungssystem entspricht.[1] Beinahe an allen

1. Vgl. darüber José Ferrater Mora, Philosophy Today (New York: Columbia University Press, 1960), S. 127 - 135. Für eine nähere Bekanntschaft mit der gegenwärtigen Philosphie ist das Buch von Walter Schulz,

größeren Universitäten der Welt gibt es nämlich eigene Lehrstühle und Institute für Philosophie, und jedes Jahr werden in beinahe allen Weltsprachen zahlreiche philosophische Werke und Zeitschriften veröffentlicht. Dabei hat sich aber die Philosophie heute so ganz in sich selbst zurückgezogen und ist blaß und machtlos wie nie zuvor; sie lebt heute nur noch im engsten Kreise, in einer schmalen Schicht der Kultivierten, unter den Angehörigen der sogenannten humanistischen Intelligenz, sie gedeiht nur noch als Disziplin, als einzelner Fachbereich innerhalb der wissenschaftlichen Arbeitsteilung. Im weiteren gesellschaftlichen Rahmen ist heute beinahe jedes Interesse für sie verloschen, herrscht für ihre Anstrengungen und Ergebnisse beinahe völlige Gleichgültigkeit. Das ist kein Anlaß zur Verwunderung, denn die Philosophie ist schon lange akademischen Rücksichten und Anständigkeiten zum Opfer gefallen, und es gibt nichts Erbärmlicheres und Langweiligeres als die Schulphilosophie. Hier und da wird zwar ein gewisses Mißtrauen gegen die Philosophie laut, und man fühlt sich ihretwegen unbehaglich, was aber keine Folgen hat. Diese Störungen ergeben sich nämlich meistens daraus, daß die Schulphilosophie gern zur Journalistik und politischen Publizistik abgleitet, um die Aufmerksamkeit auf sich zu ziehen.

Wie wahr es auch sein mag, daß die gegenwärtige Philosophie weit hinter ihrem großen Vorbild zurückbleibt, daß sie eher verwirrt, enttäuscht und abschreckt, als anzuziehen, zu fördern und zu ermutigen weiß, so ergibt sich daraus jedoch nicht, daß sie sich mit den ihr auferlegten Beschränkungen abfindet, sich in ihr Schicksal ergibt, sich der herrschenden Strömung anschließt und sich mit ihrer jetzigen Form zufrieden gibt. Was wäre das für eine Philosophie, die sich nicht einmal um ihre eigenen Aussichten und Möglichkeiten bekümmerte, die sich nicht einmal die Schwierigkeiten und Gefahren klar vor Augen führte, denen sie sich am Ende eines ihrer langen Wege aussetzt? So eine Philosophie würde schwerlich auch nur den Namen verdienen, mit dem sie sich

Philosophie in der veränderten Welt (Phullingen: Neske, 1972) sehr instruktiv. Zur weiteren Ausführungen im Text vgl. Fritz Heinemann, Neue Wege der Philosophie (Leipzig: Quelle und Meyer, 1929), bes. S. 392 - 410.

schmückt und den sie sich angeeignet hat. Vielleicht ist aber doch nicht alles verloren. Wenn auch nicht überall, wo man es erwartete, so wird doch auch heute hier und dort der Ernst und die Würde des philosophischen Gespräches gepflegt und erhalten. Den heutigen Anhängern der Philosophie ist es zumindest genauso klar wie ihren früheren Vorkämpfern, daß es der Philosophie nicht ansteht, sich den Tatsachen blind zu beugen, daß sich die Philosophie von allen anderen Formen des Wissens und Forschens wesentlich dadurch unterscheidet, daß sie sich selbst ständig über Ziel und Sinn ihrer Bemühungen Rechenschaft ablegen muß und immer wieder dazu gezwungen ist, ihre Existenz zu begründen und zu rechtfertigen. Zweifellos hält die Philosophie auch heute die alte Forderung ein, sich sorgfältig selbst zu erforschen, sich über ihre Aufgaben Gedanken zu machen und ständig an die eigenen Quellen zurückzukehren, um ihre Zukunft möglichst zu sichern. Es ist übrigens kaum zu leugnen, daß sich die Philosophie auch heute bemüht, sich selbst zu bestimmen und unter Berücksichtigung der neuen gesellschaftsgeschichtlichen Lage ihren Platz in der Welt zu finden, daß die wichtigsten und entscheidensten Tendenzen unserer Zeit sich gerade in ihr am deutlichsten und vollkommensten widerspiegeln und daß sie den Brennpunkt des epochalen Bewußtseins bildet. Daran ist nichts Besonderes. Das war schon immer so, so ist es auch jetzt, und so wird es wahrscheinlich auch in Zukunft sein. Hegel war im Recht mit seinen Worten, daß die Philosophie zwangsläufig darauf angewiesen sei, sich mit ihrer Zeit zu befassen, daß sie keine anderen Aufgaben habe, als ihre Zeit zu begreifen und daß sie nichts anderes sei als „ihre Zeit in Gedanken erfaßt“. Wenn wir außer acht lassen, welchen Sinn man diesen Worten Hegels beilegen könnte und welche Mißverständnisse es um sie geben konnte und noch geben kann, so scheinen sie doch vorzüglich zu dem zu passen, woran wir hier vor allem denken. Die gegenwärtige Philosophie ist unbedingt und zweifellos eines der maßgeblichsten und aussagekräftigsten Zeugnisse unserer Zeit, mit ihrer Hilfe können wir die gegenwärtige Welt in ihren wesentlichen Zügen begreifen und verstehen, denn deren Zweifel, Schwächen und Unzulänglichkeiten sind in vielem nur der Ausdruck, die Frucht oder die Kehrseite ihrer eigenen Zweifel, Schwächen und Unzulänglichkeiten.

DIE METAPHYSISCHE WURZEL DER PHILOSOPHIE

Als aus Rhodos stammende, gelehrte Abschreiber und Herausgeber der Schriften des Aristoteles das Wort „Metaphysik" schufen, um damit einen wichtigen Teil des Nachlasses des großen Stagiriten zu bezeichnen, ahnten sie nicht, daß ihre Wortschöpfung von denen, die sich mit Philosophie befaßten, so eifrig aufgegriffen werden würde und daß sie bald in den allgemeinen Gebrauch der philosophisch Gebildeten eingehen würde. Vielleicht haben sie sich das nicht einmal gewünscht und ihrer Erfindung auch keinerlei Bedeutung beigemessen. Der Zufall wollte es aber so, daß dieser eigenartige Name, der ursprünglich nur als bibliothekarisches Stichwort diente und die Stelle bezeichnete, die eine Schrift des Aristoteles unter den übrigen einnahm, also ein *terminus technicus* für ein Werk war, das „hinter", „nach" oder „über" einer der Physik gewidmeten Schrift steht, sogar aristotelische ausdrückliche Definition des eigenen Versuches in dieser Schrift in den Hintergrund drängte: die „erste Philosophie", oder „Theologie" bzw. die „Wissenschaft vom Seienden als solchen" oder die „Wissenschaft von den ersten Anfängen und Ursachen".[2] So wurde die Bezeichnung Metaphysik zum Synonym für Philosophie, und die Philosophie gelangte unter diesem Namen zum vollen Bewußtsein ihrer selbst und ihrer höchsten Aufgaben, so daß dieser Name zum Sinnbild ihrer äußersten Anstrengungen und Bemühungen wurde. Dem Glanz

2. Über den Namen und Gegenstand der Metaphysik vgl. die entsprechenden Beiträge im Sammelwerk: Fritz-Peter Hager (Hrsg.), Metaphysik und Theologie des Aristoteles (Damstadt: Wissenschaftliche Buchgesellschaft, 1969). Vgl. auch Eckard König, „Aristoteles' erste Philosophie als universale Wissenschaft von den APXAI", Archiv für Geschichte der Philosophie, 53/3 (1970), S. 225 - 246.

und Ansehen des Namens „Metaphysik" tat auch das Aufkommen der Bezeichnung „Ontologie" keinen Abbruch, die neben der ersten bedeutend später in Gebrauch kam, manchmal im Sinne von „Wissenschaft vom Seienden als solchen" (d.h. als *Metaphysica generalis*) und mitunter als „Wissenschaft vom höchsten Seienden" (also als *Metaphysica specialis* oder Theologie) gebraucht. Dazu hat wohl besonders der glückliche Umstand beigetragen, daß das Wort „Metaphysik" sehr einprägsam den tiefsten Sinn der philosophischen Einstellung ausdrückt und beinahe wortwörtlich auf das hinlenkt, was für die Philosophie wesentlich ist – das Überschreiten des Seienden hin zum Sein, das Hinausgehen über das Seiende und die Entdeckung seiner Grundlage im Sein.

Es könnte noch sehr viel als Beweis dafür angeführt werden, daß die alte Bezeichnung wirklich besser und passender ist als die neue: Tatsache bleibt aber, daß die Metaphysik der ganzen Philosophie eine besondere Prägung gegeben hat, daß sie die klassische Form des philosophischen Denkens darstellt und deshalb jede Aufmerksamkeit verdient. Am Beispiel der Metaphysik läßt sich das Schicksal der gesamten Philosophie am besten verfolgen und daneben ihre Reichweite in jedem konkreten Fall am leichtesten einschätzen. In der philosophischen Tradition kam der Metaphysik der Ehrenplatz zu, sie galt als Quelle und Mündung aller philosophischen Bemühungen, und auf ihr ruhte das Gebäude der philosophischen Spekulation im ganzen. Nach dem berühmten Bild, das Descartes in einem Brief an Picot, den Übersetzer seiner „Prinzipien der Philosophie" vom Lateinischen ins Französische gebrauchte, ist die Metaphysik die Wissenschaft, in der die ganze Philosophie wurzelt, sie ist für die Philosophie dasselbe wie die Wurzel für den Baum, während alle übrigen Wissenschaften nur Zweige des philosophischen Baumes oder bestenfalls sein Stamm sind. Die Metaphysik ist weit davon entfernt, nur eine Disziplin oder ein Bereich des philosophischen Interesses und Forschens zu sein, obgleich die Schulphilosophie sie zu etwas Ähnlichem herabwürdigen möchte. Die Metaphysik ist eigentlich die reinste Erscheinungsform der Philosophie, ihre Wahrheit ist das Maß der philosophischen Wahrheit überhaupt. Genauer gesagt, ist die Metaphysik eine Grundvoraussetzung der Philosophie, da es ohne sie auch keine Philosophie gibt und in ihr und durch sie das Wesen der letzteren bloßgelegt wird.

Selbstverständlich begann die Geschichte der Metaphysik nicht erst mit dem Aufkommen der Bezeichnung in späthellenistischer Zeit, nein, die Metaphysik ist älter als der ihr so wohlanstehende Name, unter dem sie zu weltlichem Ruhm gelangte. Müssen wir überhaupt erwähnen, daß das klassische Zeitalter der griechischen Geschichte die Zeit ihrer höchsten Blüte war, während die ersten Spuren ihres Auftretens bereits auf die archaische Periode, auf die Zeit des ursprünglichen philosophischen Schaffens auf griechischem Boden zurückgehen? Das heißt aber ganz und gar nicht, daß Aristoteles das alleinige Verdienst für die Entstehung der Metaphysik gebührt, daß dieser große Vollender der griechischen Philosophie ihr Begründer und erster Verfechter war, wie man wegen der Rolle seiner Schüler bei ihrer Namensgebung annehmen könnte. Es ist auch sehr fraglich, ob man den Anteil von Aristoteles daran überhaupt so betonen sollte. Eigentlich kommt Aristoteles' Lehrer Platon, der mit Recht als Begründer der europäischen philosophischen Tradition gilt, von allen griechischen Philosophen, die an der Schaffung der Metaphysik beteiligt waren, das größte Verdienst zu. Zweifellos hat Platon für die Metaphysik außerordentliches getan, viel mehr als jeder andere griechische Philosoph. Wenigstens hat er als erster konsequent zwischen dem Seienden und dem Sein alles Seienden, zwischen der sinnlichen Welt und der Welt der Ideen, zwischen der Welt der Schatten und der Welt der wahren, echten Urbilder unterschieden. Obwohl er sich nicht des Ausdrucks „Metaphysik“ bediente, der ihm sozusagen greifbar nahe lag, war er sich wohl bewußt, daß die Philosophie die Überschreitung der erfahrungsmäßigen Grenzen anstrebt, und so betonte er sogar ausdrücklich, daß sich die Philosophie über das Seiende erheben müsse, um das dahinter verborgene Sein zu erreichen (in der berühmten Formel *epekeina tes ousias*, am Beginn des 7. Buches der *Politeia*). Unbestritten ist also, daß Platons Philosophie ausgesprochen metaphysisch ausgerichtet war und es somit zu allererst verdient, Heimstatt der Metaphysik genannt zu werden.[3]

Die Unterscheidung von Sein und Seiendem ist offensichtlich von hervorragender Bedeutung für alle Philosophie, weil erst diese ontologische Differenz ein philosophisches Gespräch im wahren Sinne des Wortes möglich macht. Die griechische Philosophie nahm nicht von ungefähr zum Ausgangspunkt die Forderung Sein und Seiendes zu unterscheiden, und die Beachtung dieser Unterscheidung wird in der gesamten neuzeitlichen Philosophie ständig verlangt. Aber selbst unter Berufung auf Platons Namen können wir uns wohl kaum mit einem bloßen Hinweis auf diesen Umstand zufriedengeben. Wir müssen etwas näher erläutern, was es heißt, wenn die Metaphysik nach dem Sein fragt, sich über das Seiende erhebt und das Seiende in Richtung zum Sein hin transzendiert. Das ist umso dringlicher, als auf dem Feld der Metaphysik große Uneinigkeit herrscht, größere als das auf den ersten Blick scheinen mag. Die Metaphysik stellt ihre Grundfrage nämlich nicht immer auf dieselbe Weise, noch lenkt sie ihren Blick stets in dieselbe Richtung. Nicht selten weicht sie sogar von ihrer höchsten Aufgabe ab, indem sie das Sein aus dem Blickfeld verliert und im Seienden gefesselt bleibt.

Wenn wir sagen, daß sich die Metaphysik mit den letzten, höchsten Fragen befaßt, daß sie ein Recht auf das umfassendste Wissen erhebt und die tiefste Lebenserfahrung verkündet, so ist das zu wenig. Wir müßten eigentlich sagen, daß sie die Art und Weise der menschlichen geschichtlichen Existenz wesentlich bestimmt, dem epochalen Geschehen Sinn verleiht und die Grenzen zwischen den geschichtlichen Epochen zieht. Die Meta-

3. Wegen der historischen Exaktheit, muß man sagen, daß beträchtlich früher als Platon, eigentlich ein ganzes Jahrhundert vor seinen frühen Dialogen, die Frage nach dem Sein der Eleate Parmenides, der bedeutendste und einflußreichste aller vorsokratischen Denkern, in Gang gebracht hat. Über den gegenwärtigen Stand der Parmenides-Forschung vgl. Ernst Tugendhat, „Das Sein und das Nichts“, Durchblicke: Martin Heidegger zum 80. Geburtstag (Frankfurt/M: V. Klostermann, 1970), S. 134 - 146.

physik verdankt ihr Entstehen dem Wandel im Gefüge der geschichtlichen Zeit selbst, wenn sie auch gleichzeitig dem ewigen menschlichen Bedürfnis nach einem festen Halt, nach Trennung der wesentlichen, notwendigen und zeitlosen Formen und Beziehungen von den unwesentlichen, zufälligen und zeitlichen entgegenkommt. Wie wir dabei aber berücksichtigen müssen, stieß die Metaphysik bereits an ihrem eigentlichen Anfang auf große Schwierigkeiten, weil die von ihr aufgeworfene Frage nach dem Sein im Grunde zweideutig, weil die Wahrheit des Seins schwer zu erfassen ist. Die Metaphysik ist in gewissem Sinne zweifellos die Wissenschaft vom Seienden, und zwar nicht von diesem oder jenem Seienden, sondern vom Seienden als solcher und in seiner Gesamtheit. Sie geht vom Seienden aus, fragt nach dem Sein, nach dem, was es zum Seienden macht, sie geht seinem Wesen, dem, was das Seiende ermöglicht, nach. Und eben weil die Metaphysik dem Seienden so große Aufmerksamkeit schenkt, weil sie von der Frage so beunruhigt ist: Was ist das Seiende? oder: Worin besteht seine Seiendheit? – muß sie seine Grenzen überschreiten, sich über es erheben, muß entdecken was jedem Seienden zukommt, muß den gemeinsamen Nenner aller Dinge, das, was sie zusammenhält, finden. Das, worauf die Metaphysik ihren Blick richtet, kann also nur das Sein und nichts anderes sein. Insofern steht es außer Zweifel, daß die Metaphysik an das Sein denkt, daß sie im Sein die Wahrheit des Seienden findet. Aber das Sein selbst, der erste und letzte Gedanke der Metaphysik, kann zweifach aufgefaßt werden. So kann das Sein vor allem mittels des Seienden selbst, in unmittelbarer Verbindung mit ihm, das heißt, als Seiendes besonderer Art, als höchstens Seiendes, als Seiendes, das jedes andere Seiende übertrifft, das den höchsten ontologischen Rang hat, angesehen werden. In diesem Falle besteht zwischen Sein und Seiendem nur ein Gradunterschied; neben dem, was wesentlich ist, würde es noch eine Mehrzahl von anderen unwesentlichen Formen des Seienden geben. Das Sein kann aber auch als etwas allem Seienden Entgegengesetztes aufgefaßt werden, als etwas, was keinesfalls Seiendes ist, wenn doch auch nicht das völlige Ausbleiben jedes Seienden; es kann als Ort aufgefaßt werden, wo das Seiende schlechthin in

Erscheinung tritt, als Licht, in dem sich das Seiende spiegelt. In diesem Falle wäre das Sein etwas ganz anderes als das Seiende.

Weil die Metaphysik tiefes Mißtrauen gegen alles hegt, was die Sinneswahrnehmung ihr bietet und aufdrängt, weil sie über das Seiende hinausgeht, um seine Grundlage im Sein zu finden, weil sie hinter die sichtbaren, veränderlichen Formen der Dinge eindringt, um ihre wahre, wesentliche Form zu entdecken, kann man schlußfolgern, daß die Metaphysik nur die Wahrheit einer bestimmten Art kennt, daß ihre Auffassung von der Wahrheit in vieler Hinsicht von der gewöhnlichen abweicht und daß in ihrem Rahmen kein Schwanken in Bezug auf Wahrheit stattfindet. Die Metaphysik hätte kaum diejenige Rolle in der Geschichte der Philosophie gespielt, die sie wirklich gespielt hat, wenn sie es versäumt hätte, die Frage nach der Wahrheit zu radikalisieren, wenn sie es versäumt hätte, diese Frage im weitesten Rahmen, aus der Perspektive des Verhältnisses zwischen Mensch und Sein, zu betrachten. Dabei ist es nicht von Belang, daß der Preis dafür gewaltige Mißverständnisse waren, daß sich die Metaphysik dabei oft so weit von der alltäglichen Lebenswelt und praktischer Erfahrung entfernte, daß sie überhaupt nicht mehr in der Lage war, ihr Verhältnis zu dem überkommenen, vorphilosophischen Wahrheitsbegriff zu definieren. Die Metaphysik ist weit davon entfernt, dem engen Rahmen der subjektiven Betrachtungsweise verhaftet zu bleiben und gibt sich noch weniger mit der auf den ersten Blick ebenso klaren wie einleuchtenden Bestimmung zufrieden, nach der die Wahrheit eine Eigenschaft der Aussage über das Seiende ist und keine nähere Bezeichnung des Seienden selbst, so daß sie nur die Übereinstimmung von Denken und Gegenstand bedeutet. Diese im Grunde richtige, aber triviale Auffassung, die den Umfang des Wahrheitsbegriffes stark einschränkt, erweitert die Metaphysik weit über die Grenze des theoretischen Bereiches hinaus und verleiht ihm einen neuen, vornehmlich objektiven Sinn. Dieser zweiten Auffassung nach, die eigentlich erst erklärt, wie ein Übereinstimmungsverhältnis zwischen Begriff und Ding überhaupt hergestellt werden kann, ist die Wahrheit nichts anderes als die Erschließung des Seienden als solchen, das Aufzeigen seines Wesens, sein Hervortreten aus dem Dunkeln ins

Licht.[4] Man braucht wohl nicht zu betonen, daß die Ausdehnung und Vertiefung des Wahrheitsbegriffs für die Philosophie von weitreichender Bedeutung ist, daß die Philosophie erst mit ihrer Hilfe auf die eigene Bahn kam. Indem sie gegenüber der logischen Wahrheit die ontologische hervorhebt, anstelle der bloßen Exaktheit die Einheit im Sein verlangt, macht die Metaphysik klar, daß die Philosophie einen anderen Weg geht als die Wissenschaft, daß die Philosophie eine ganz andere Erfahrung voraussetzt als die Wissenschaft, daß der Philosophie viel mehr daran liegt, die herrschende Ordnung der Dinge zu überwinden, als sie zu erhalten, zu befestigen oder in Gedanken zu verewigen. Zugegebenermaßen setzt sich die Philosophie gerade deshalb leicht dem Vorwurf aus, den festen Boden unter den Füßen zu verlieren, in Spekulationen zu verfallen, die Welt auf den Kopf zu stellen, die Tatsachen ins Gegenteil zu verkehren und zu verdrehen, alles, womit sie in Berührung kommt, zu zerstören und zu zerschlagen.

Es würde zu weit führen, uns auch nur einen flüchtigen Überblick über die wichtigsten Punkte in der Entwicklung der Metaphysik zu verschaffen oder auch nur in gedrängter Form die gesellschaftsgeschichtliche Situation in der Mitte des 19. Jahrhunderts zu beschreiben, in der sich die Haltung zur Metaphysik änderte und es später sogar zu einem Ausbruch von Mißtrauen, ja sogar offener Feindschaft gegen die gesamte Philosophie kam.

Glücklicherweise ist das auch nicht notwendig, wie nützlich es sonst auch wäre. Der Aufstieg der Metaphysik ist weder rätselhaft noch unfaßbar, noch braucht ihr Abstieg besonders erklärt zu werden. Der ganze Prozeß liegt heute auf der Hand. Nur hat die zweite Linie nun einen Punkt erreicht, unter den sie nicht

4. Daß eine der größten Gefahren, der sich die gegenwärtige Philosophie aussetzt, gerade darin besteht, daß sie nicht mehr imstande ist, diesen erweiterten, universellen Wahrheitsbegriff in Geltung zu erhalten, sondern sich auf ganz enges Gebiet zurückzieht, und dabei den Vorrang jener Minimalbestimmung einräumt, hat sehr gut Ernst Tugendhat hervorgehoben in seinem Buch Der Wahrheitsbegriff bei Husserl und Heidegger (Berlin: W.de Gruyter, 1970), S. 404.

weiter fallen kann. Die Metaphysik wird heute so heftig angegriffen und abgelehnt, daß sogar jener „gigantische Kampf um das Wesen“ (*gigantomachia peri tes ousias*) in Vergessenheit geraten ist, den Platon zu Beginn der philosophischen Tradition so leidenschaftlich führte und damit ihre so fruchtbare Entwicklung begründete, und den Hegel am Ende dieser Tradition zum Höhepunkt lenkte, wobei er ihren baldigen Verfall voraussah. Daß die Dinge so stehen, können wir daraus schließen, daß heute kaum jemand noch die Frage nach dem Sein quält, von der Aristoteles seinerzeit behauptete, daß sie nie aufhören wird, den Menschen zu bewegen.

Die gegenwärtige Krise der Philosophie ist nicht nur innerhalb der Philosophie als besonderem Zweig des kulturellen Schaffens ein äußerst wichtiges Ereignis. Es handelt sich dabei nicht um eine zufällige, vorübergehende Erscheinung, die nur die Unfähigkeit der heutigen Philosophen, den Spuren ihrer Vorgänger zu folgen, verursacht wird, sondern die einen Bestandteil umfassenderer Bewegung darstellt. Rückhaltslos kann man sagen, daß die Philosophie niemals in einer so schweren Lage, niemals in solcher Ungelegenheit war wie heute. Es gab Epochen, in denen die Philosophie in ihrem Ausdruck gehemmt war, in denen sie unter dem Druck von Mythos und Religion litt, die Magd der Theologie war, ebenso wie Zeiten, in denen sie in sich selbst zerrissen war, zwischen verschiedenen philosophischen Richtungen und Strömungen ein wahrer Krieg wütete; ebenso gab es Epochen, in denen die Philosophie in Starrheit verfiel und der Kult der großen Lehrer freies philosophisches Schaffen bedrohte, ja sogar verhinderte. Nie war aber die Philosophie so mißtrauisch gegen sich selbst wie heute, nie war sie so unzufrieden mit sich selbst, nie so darum besorgt, über sich selbst hinauszukommen, ihr Gesicht zu wandeln, sich in etwas anderes zu verwandeln, etwas, was mit Philosophie im herkömmlichen Sinne nichts zu tun hat. Unbestritten ist insofern auch, daß die Situation in der Philosophie für die in der gesamten gegnwärtigen Kultur symptomatisch ist.

Schon Hegel kündigte eine Veränderung im Wesen der Philosophie an, bereits bei ihm wurde die Philosophie anders als sie bisher gewesen war. Gewissermaßen erlitt die Philosophie eben im Augenblick ihres höchsten Aufschwungs die schwerste Niederlage; als ob sie sich nicht auf dieser Höhe halten konnte und sich in den Abgrund stürzte. Das wurde besonders nach Hegels Tod deutlich. Zahlreiche hervorragende Philosophen und Wissenschaftler des vorigen Jahrhunderts, allen voran Karl Marx, Sören Kierkegaard und Friedrich Nietzsche, haben diese Wendung vorbereitet und durchgesetzt, die sozusagen über Nacht in wenigen Jahrzehnten vor sich ging. Die drei genannten Denker haben die Krise der Philosophie wohl am meisten vertieft, verliehen ihr allerdings einen ganz anderen Sinn, während sie wohl am meisten dazu beigetragen haben, daß man sich dieser Krise allgemein bewußt wurde.[5] Wie besonders zu betonen ist, hat der junge Marx viel zur Klärung der geistigen Situation beigetragen, die durch Hegels Vollendung der Philosophie zu einem System des absoluten Wissens entstanden war, hat einer neuen, anderen Auffassung der philosophischen Grundfragen den Weg bereitet und mithin als erster entschieden gefordert, die Metaphysik zu überwinden und eigentlich die Philosophie überhaupt aufzugeben. In dieser Hinsicht sind seine Frühschriften außerordentlich bedeutungsvoll. Marx ging in der Kritik an Hegels Philosophie so weit, er entlarvte ihre Schwächen und ihre Beschränktheit so konsequent wie kein anderer Junghegelianer. Man muß aber richtig verstehen, was das wirklich bedeutete. Daraus ergibt sich nicht etwa, daß der junge Revolutionär die Theorie unterschätzte, daß er die Praxis der Theorie gegenüberstellte und sie über die Theorie stellte. Marx verachtete hohle Worte, lehnte sterile Spekulationen ab, verurteilte die Trennung von Gedanken und Handlungen. Er griff die Philosophie wegen ihrer Leblosigkeit an, weil sie die Welt nur interpretiert, anstatt sich an ihrer Veränderung zu beteiligen, daß sie die Dinge beim Alten lassen, anstatt sie mit den Forderungen der Vernunft in Einklang zu bringen. Marx wußte sehr wohl, daß die Revolution ohne die Philosophie nicht mög-

5. Vgl. dazu Karl Löwith, Von Hegel zu Nietzsche. Der revolutionäre Bruch im Denken des 19. Jahrhunderts. Marx und Kierkegaard (Stuttgart: W. Kohlhammer, 1964).

lich ist, daß eine revolutionäre Veränderung der Welt nur dann sinnvoll ist, wenn sie philosophisch begründet ist. Deswegen erklärt er, man könne die Philosophie nicht einfach aufheben, sondern müsse sie zuerst in der Praxis des gemeinsamen Lebens verwirklichen und die Philosophie könne nur durch ihre Realisierung aufgehoben werden.

Strittig ist, welchen Sinn der Marxsche Einsatz für die Überwindung der Philosophie hat, wie angebracht und berechtigt die Idee von der Verwirklichung der Philosophie ist und ob es überhaupt einen Sinn hat, von der Aufhebung der Philosophie durch ihre Verwirklichung zu sprechen. Bei der eingehenderen Untersuchung dieser Fragen würde man vielleicht weit mehr Schwierigkeiten haben, als man auf den ersten Blick erwartet.[6] Eins ist jedenfalls unbestritten: Die Marxsche Auffassung ist radikal kritisch, sie stellt eine eigenartige Lösung dar, und unterscheidet sich entscheidend von vielen anderen Auffassungen, die zur gleichen Zeit oder später entstanden. Wie zutreffend das ist, wird allein daraus ersichtlich, daß Marx nie allein die akademische Seite der Frage im Auge hatte. Das muß aber Thema einer anderen Betrachtung sein. Wir wollen hier nur betonen, daß die Marxsche Auffassung nichts mit dem Positivismus gemein hat, dieser modischen und sehr einflußreichen Richtung in der gegenwärtigen Philosophie, deren Vertreter mit aller Kraft zu beweisen suchen, daß die Philosophie nichts taugt und zu nichts nütze ist und daß man endlich jeder Philosophie ein Ende machen sollte. Oder genauer gesagt: Die Marxsche Auffassung kann nicht mit der positivistischen gleichgesetzt werden, ihr liegt jede Verherrlichung des positiven Wissens dem spekulativen dialektischen Denken gegenüber und alle Bemühungen fern, die Philosophie durch die Wissenschaft zu ersetzen, also durch eine Form der Forschung, die die Idee der Transzendenz grundsätzlich verwirft und als Kriterium der Wahrheit nur die sinnliche Erfahrung an-

6. Über die Marxsche Idee von der Aufhebung der Philosophie, vgl. Milan Kangrga, Etički problem u djelu Karla Marxa (Zagreb: Naprijed, 1963), S. 128 - 156. Vgl. auch Theodor W. Adorno, Eingriffe (Frankfurt/M: Suhrkamp, 1963), S. 23 - 24.

erkennt, wieviele tiefe Mißverständnisse auf beiden Seiten es in dieser Hinsicht auch bis vor kurzem gegeben haben mag.

Obwohl die Behauptung unzutreffend und unbegründet wäre, daß die gesamte gegenwärtige Philosophie im Zeichen des Positivismus steht, daß der Positivismus die herrschende philosophische Richtung unserer Zeit ist und in den verdünnten und geringfügigen Kreisen der gegenwärtigen Philosophen grenzenlos herrscht, wäre es nicht weniger falsch und unberechtigt, zu behaupten, daß der Anteil des Positivismus an der gegenwärtigen Philosophie streng begrenzt ist, diese Richtung irgendwo am Rande der Ereignisse verläuft und darin eine völlig untergeordnete Rolle spielt. Vor Übertreibungen in irgendeiner Richtung sollte man sich hüten. Der Positivismus ist längst zu einer machtvollen geistigen Kraft geworden, der die Philosophie in ihren Grundlagen bedroht, weil er im Schoße der Philosophie selbst entschieden gegen die Philosophie kämpft,[7] und so ist diese philosophische Richtung zweifellos von epochaler Tragweite, so daß man seine historische Rolle und seine Bedeutung beim Ausdruck tiefgreifender gesellschaftlicher Strömungen und Bestrebungen nicht bestreiten kann. Man muß mindestens zugeben, daß der Positivismus in großem Maße das Schicksal der modernen Philosophie ist, daß mit und durch ihn teilweise verständlich wird, was heute in der Philosophie wirklich vor sich geht, daß der genwärtige Zustand in der Philosophie eine Folge seiner Überlegenheit über viele andere philosophische Richtungen ist. Vom positivistischen Geiste sind auch die Richtungen der gegenwärtigen Philosphie erfaßt, die anscheinend nichts mit ihm gemein haben.

Der Positivismus ist seiner Orientierung nach eine ausgesprochen antimetaphysische Richtung in der Philosophie, die im Kampf gegen die Metaphysik ihre Hauptaufgabe sieht und die gerade als Absage an die Metaphysik und alle Versuche entstanden ist, vom Seienden zum Sein vorzustoßen, gegen alle Ansätze, zum letzten Grund der Dinge vorzudringen und die notwendigen,

7. So auch Herbert Marcuse, One Dimensional Man: Studies in the Ideology of Advanced Industrial Society (Boston: Beacon, 1964), S. 173.

wesentlichen Formen und Beziehungen in der uns umgebenden Welt zu entdecken. Seine unversöhnlich ablehnende Haltung zur metaphysischen Spekulation gründet der Positivismus auf einer besonderen Auffassung der Wirklichkeit; an ihr hält er sowohl in seinen älteren als auch in seinen neuen Spielarten fest. Demnach ist nur das wirklich, was aktuell existiert, was hier und jetzt gegeben ist, das Wirkliche erschöpft sich im Einzelnen, in der konkreten, räumlich und zeitlich bestimmten Erscheinung, wirklich ist nur, was auf Erfahrung beruht, was den Sinnen zugänglich ist, was sinnlich wahrgenommen und geprüft werden kann, in letzter Instanz zu mindestens, wenn schon nicht unmittelbar. Offensichtlich ist diese Auffassung der Wirklichkeit willkürlich und einseitig, weist große Unzulänglichkeiten auf und ist einer ernsthaften Kritik zu unterziehen. Dem gesunden Menschenverstand dagegen steht sie sehr nahe, so daß sie sich sehr gut zur Bekämpfung der Metaphysik einsetzen läßt. Engt man nämlich den Begriff der Wirklichkeit so drastisch ein und setzt man sie einer Modalität der Existenz gleich, läßt sich unschwer beweisen, daß die Metaphysik nur mit Fiktionen und Gespenstern zu tun hat, daß die Suche nach übersinnlichen Wesenheiten ein gewöhnlicher Betrug ist und zwingend zum Obskurantismus schlimmster Art führt.

Es ist beinahe müßig zu erwähnen, daß sich der Positivismus nicht mit einer verallgemeinerten Verurteilung der Philosophie wegen ihres Verfalls in die Metaphysik begnügt; ebensowenig gibt er sich damit zufrieden, ihre Verirrungen in der Geschichte zu geißeln. Der Positivismus möchte nachweisen, wie es zu diesen Irrwegen gekommen ist, er will die Ursachen bloßlegen, die diese Irrtümer verursachen und nähren, und dadurch die Wurzel ausrotten, aus der die Philosophie sprießt. In dieser Richtung gibt es zahlreiche Versuche, die Metaphysik durch die sogenannte logische Analyse der Sprache zu überwinden, die metaphysischen Probleme als Scheinprobleme und die metaphysischen Aussagen als sinnloses Gerede darzustellen, während es andererseits aber auch nicht weniger Ansätze gibt, die Unhaltbarkeit und Rückständigkeit der Metaphysik durch den Hinweis auf die mythisch-theologische Herkunft ihrer Grundkategorien und Deutungsschemata zu beweisen. Der bekannteste und bedeutendste Vertreter der ersten Richtung ist Ludwig Wittgenstein, der mit seiner Idee der Sprachspiele sogar die Wandlung vom strengen logischen Positivismus zur philosophischen Sprachanalytik durchgeführt hat, während die zweite Strömung nicht mit klangvollen und anerkannten Namen aufwarten kann. Zwar gehen die modernen Positivisten nicht so weit, die Verbrennung der philosophischen Bücher, die der Metaphysik gewidmet sind zu verlangen, wie das Hume seinerzeit tat. Deswegen stehen sie ihm in Angriffslust aber keinesfalls nach; vielmehr stimmen sie wenigstens stillschweigend mit diesem wohl erbittersten und gefährlichsten alten Gegner überein, den die Metaphysik jemals gehabt hat.[8] In der Endkonsequenz hebt der Positivismus die Philosophie als besondere Form des kulturellen Schaffens und Ausdrucks auf. In seinem Rahmen bedeutet die Forderung, die Philosophie von metaphysischen Beimischungen zu reinigen, dasselbe, wie mit der Philosophie aufzuhören, so daß die Auflehnung gegen die Metaphysik hier notwendig eine völlige Ablehnung der Philosophie nach sich zieht. Etwas anderes ist, ob dieser Versuch, die Metaphysik zu überwinden, tatsächlich so radikal ist, wie seine Verfechter es sich einbilden, da die positivistische Forderung, nach der Abgrenzung von Wissenschaft und Metaphysik nicht auf der Erfahrung beruht und auch nicht durch die Kriterien, von denen sie ausgeht und auf denen sie beruht, überprüft werden kann.

Auf andere Weise und mit anderem Nachdruck, aber nicht weniger beharrlich und unversöhnlich als unter dem Banner des Positivismus, bekämpft man die Metaphysik heute auch an anderen philosophischen Fronten, sowohl an den naheliegenden und wichtigeren als auch an den nebensächlicheren und entfernteren. Die allgemeine Unzufriedenheit mit der Metaphysik, der allgemeine Unmut und das Mißtrauen gegen die metaphysische Spekulation werden sozusagen von allen Seiten laut. Dabei sind die zahlreichen philosophischen Stimmen allerdings weit davon entfernt, zu einem mächtigen *unisono* zusammenzufließen. Zwar sind alle schlecht auf die Metaphysik zu sprechen, stimmen

8. Fritz Heinemann, a.a.O., S. 47.

aber keinesfalls darin überein, daß die Philosophie geleistet habe, was sie leisten konnte, man solle sie ruhen lassen, weil sie in der gegenwärtigen Welt nichts mehr zu suchen habe. Man müßte völlig verblendet sein, um nicht zu sehen, daß in der gegenwärtigen Philosophie gewisse Richtungen weniger deshalb gegen die Metaphysik vorgehen, um die Philosophie zu untergraben und diese Form des Wissens und der Forschung für immer zu vernichten, als um die Philosophie auf eine neue, zuverlässigere Grundlage zu stellen. Das gilt in erster Linie für die Phänomenologie, die wohl aufstrebendste, weitreichendste und verzweigteste Richtung in der heutigen Philosophie, wenn sie wegen der Veränderungen in ihrer Entwicklung auch schwer zu bestimmen ist. [9]

Als Edmund Husserl zu Beginn unseres Jahrhunderts begann, sich mit der Phänomenologie zu befassen und auf die Möglichkeit verwies, Grundfragen der Philosophie auf neue Weise in Angriff zu nehmen, hatte er nur eines im Sinn, die Zukunft der Philosophie. Genauer gesagt, er war fest davon überzeugt, die Philosophie auf diese Weise vor dem ihr drohenden Übel des Skeptizismus zu bewahren und jeder künftigen Philosophie neue Wege zu bahnen. Aus tiefer Unzufriedenheit mit den Ergebnissen aller seiner Vorgänger in der Philosophie, der jüngeren wie der weiteren Vergangenheit, und dazu noch in der festen Überzeugung, daß die Phänomenologie der wissenschaftlichen Arbeit in der Philosophie ein grenzenloses Feld eröffnet, übernahm Husserl es, die Philosophie in den Rang einer strengen Wissenschaft zu erheben und sie für immer wissenschaftlich zu begründen. Deswegen rief er entschieden zur Rückkehr „zu den Sachen selbst" auf und widersetzte sich damit allen metaphysischen Konstruktionen. Um ihrer höchsten Aufgabe gerecht und im wahren Sinne des Wortes wissenschaftlich zu werden, muß sich die Philosophie von leeren und fruchtlosen Spekulationen abwenden, die meta-

9. Näheres darüber in: Walter Biemel, „Die entscheidenden Phasen der Entfaltung von Husserls Philosophie", Zeitschrift für philosophische Forschung, XIII/2 (1959), S. 187 - 213. Vgl. auch Eugen Fink, Studien zur Phänomenologie 1930-1939 (Stuttgart: W. Kohlhammer, 1965) und Ludwig Landgrebe, Der Weg der Phänomenologie (Gütersloh: G. Mohn, 1963).

physischen Voraussetzungen abstreifen und sich mit der genauen, vollständigen und unvoreingenommenen Beschreibung des „Phänomens" zufriedengeben, das heißt mit dem, was unmittelbar gegeben ist, was dem Blick zugänglich ist und dessen man mittels der Intuition habhaft werden kann. Allein die phänomenologische Philosophie wird den Forderungen gerecht, die der Philosophie seit eh und je gestellt werden. Nur so eine Philosophie kann alle verfügbaren wissenschaftlichen Energien aktivieren, nur sie kann das bieten, was in einer Zeit, in der die Wissenschaft so hochgeschätzt ist und zur mächtigsten Kraft wurde, am notwendigsten ist.

Husserls Forderung nach Rückkehr „zu den Sachen selbst" ist allerdings auf etwas viel Tieferes gerichtet, als die Wissenschaft zu bieten vermag, und unterscheidet sich deshalb einschneidend von der gleichnamigen Forderung des Positivismus. Allein die Annahme wäre lächerlich, daß Husserl jeden Unterschied zwischen Wissenschaft und Philosophie auslöschen wollte, und noch viel weniger, daß ihm daran lag, die Philosophie auf das bloße Sammeln von Tatsachen und die Ermittlung der Wahrscheinlichkeitsverhältnisse zwischen ihnen zu beschränken. Der Begründer der Phänomenologie war sich stets vollkommen bewußt, daß die Philosophie über alle Einzelwissenschaften hinausreicht und keine von ihnen ihr Vorbild sein kann. Seiner Ansicht nach ist die Philosophie radikaler als die Wissenschaft, weil sie nichts ohne vorhergehende Prüfung akzeptiert, weil sie sogar die grundlegenden wissenschaftlichen Grenzbegriffe zu begründen und zu rechtfertigen sucht, die Quelle jeder wissenschaftlichen Erkenntnis in der universellen Vernunft, in der transzendentalen Subjektivität des Menschen findet. Bereits in seiner Anfangsphase nach den ersten Versuchen und Bemühungen erkannte Husserl die Schwäche und Unzulänglichkeit des wissenschaftlich-gegenständlichen Fachdenkens und sah ein, daß die Philosophie nicht bei der naiven Beschreibung des Phänomens halt machen darf. Wenn er auch fest daran glaubte, daß die Beschreibung des Phänomens einen wesentlichen Bestandteil der philosophischen Forschung darstellt, da sie das Wesen der Sachen zeigt und auf ihre dauerhaften, unveränderlichen Eigenschaften hinweist, kam

Husserl rasch zu dem Schluß, daß das nicht genügt und daß das philosophische Forschen weiter und tiefer gehen müsse. Er stellt sogar ausdrücklich fest, daß die Reflexion über die wissenschaftliche Erfahrung, also die Reflexion über die subjektiven Voraussetzungen, unter denen die Erfahrung möglich ist, unumgänglich sei, da das Gegebene nicht schon allein dadurch auch das Seiende ist, denn das Seiende konstituiert sich erst als solches mit Hilfe von Bewußtseinsakten. So gelangte die Frage nach der transzendentalen Begründung der Philosophie in Husserls reifer Schaffensperiode in den Mittelpunkt seiner Betrachtung.

Bleiben wir aber noch einen Augenblick bei Husserls Auffassung des Verhältnisses von Wissenschaft und Philosophie, damit uns der Sinn und das Anliegen der phänomenologischen Bewegung möglichst klar wird. Augenscheinlich unter dem Einfluß des Wahrheitsbegriffes von Descartes meinte Husserl, daß die Philosophie nur dann eine wahre, echte Wissenschaft werden könne, wenn sie die Maske des Tiefsinns ablege und sich nicht mehr der Sprache unklarer, verworrener Ahnungen und Vorgefühle bediene. Die echte Wissenschaft kennt nämlich keine Tiefsinnigkeit, wenigstens nicht darin, was ihre wahre Lehre ausmacht. In ihr ist jeder Gedankenschritt von Anfang bis Ende überschaubar - und das in jeder Einzelheit - und damit gar nicht tiefsinnig. Tiefsinnigkeit ist Husserls Worten nach Sache der Weisheit, Klarheit und Deutlichkeit der Begriffe dagegen Sache der strengen Theorie.[10] Demnach hat die Philosophie nur die Wahl zwischen wirklichem Durchdenken und reiner Willkürlichkeit, zwischen rationaler Bestimmung und religiös-gnostischer Verkleidung, zwischen Wissenschaft und Mystik. Einen dritten Weg gibt es nicht.

Zweifellos hat Husserls Forderung nach vernünftigem, kritischem Denken und Beweisen eine wichtige Rolle bei der Bekämpfung und Zügelung romantischer Übertreibungen und Abwei-

10. Edmund Husserl, „Philosophie als strenge Wissenschaft", Logos I (1911), S. 339. Vgl. Alwin Diemer, „ Die Phänomenologie und die Idee der Philosophie als strenge Wissenschaft", Zeitschrift für philosophische Forschung, XIII/2 (1959), S. 243 - 262.

chungen in der Philosophie gespielt. In einem Augenblick, wo die Philosophie in leere Rhethorik auszuarten drohte, war sie hochwillkommen. Gleichzeitig bildete dieses Verlangen einen Damm gegen den Dogmatismus jeder Art, gegen alle Versuche, eine bestimmte Betrachtungsweise des Phänomens zu verabsolutieren und einen theoretischen Standpunkt als einzig möglich und gerechtfertigt darzustellen. Dennoch bleibt die Tatsache bestehen, daß Husserl sein so sorgfältig aufgebautes und eifrig befürwortetes Programm einer wissenschaftlichen Philosophie nicht verwirklicht hat. Nicht nur, daß er der selbstgestellten Aufgabe nicht gewachsen war, sondern verfiel er noch dazu in die Metaphysik, die er hatte überwinden wollen. Gerade weil er seine ganze Aufmerksamkeit auf die aprioristischen universellen Voraussetzungen unserer Erkenntnis alles Seienden konzentrierte, weil er glaubte, daß man die neuzeitliche Subjektivität nur dann überwinden könne, wenn man sie konsequent zu Ende entwickelt, mußte Husserl den Weg der metaphysischen Systeme seiner Vorgänger wiederholen.

Hinzuzufügen wäre noch, daß der späte Husserl seinen Schülern und Anhängern noch eine Überraschung bereitete. In seinen letzten Lebensjahren wurde sich der Begründer der Phänomenologie der geschichtlichen Bedingtheit unseres gesamten Wissens bewußt und gab offen zu, daß der geschichtlichen Kritik der Vernunft die wichtigste philosophische Aufgabe zukommt, daß die geschichtliche Verankerung der Philosophie den Vorrang vor der transzendentalen hat. In seiner letzten Schaffensperiode, die der breiteren Öffentlichkeit erst aus den posthumen veröffentlichten Manuskripten bekannt wurde, belebte Husserl seine alte Idee von der wahren, echten Lebenswelt neu, die hinter der objektiven Welt verborgen ist, die die Wissenschaft beschreibt und erklärt. Diesem Gedanken verlieh er einen neuen, tieferen Sinn und verzichtete auf alle ursprünglichen Pläne, wobei er sogar die Idee von der Philosophie als exakter Wissenschaft anzweifelte, wenn nicht schon in Frage stellte.[11]

11. In dieser letzten Phase seines Denkens, die heute so gut auf Grund der Krisis-Arbeiten bekannt ist, hat Husserl von der Phänomenologie sogar gefordert, das Mittel der Wiedergeburt des Lebens im ganzen, und nicht

ÜBERWINDUNG ODER BEGRÜNDUNG DER METAPHYSIK ?

Wenn wir uns bei Husserl, seinen Schülern und Anhängern sowie bei Wittgenstein und den Vertretern des Positivismus überhaupt noch nach dem eigentlichen Sinn ihres Mißtrauens und ihrer Ablehnung der Metaphysik fragen können, da sie doch alle der Tradition verhaftet sind, ihrem Einfluß unterliegen und den Wert der Grundkategorien anerkennen, braucht das bei anderen uns bekannten Philosophen nicht so zu sein, und wir müssen nicht überall mit ähnlichen Zwiespalten rechnen. Sicherlich ist die gegenwärtige Philosophie in ihren Worten weit revolutionärer als in ihren Taten, gibt es in ihr mehr Folgewidrigkeit, Unentschiedenheit und Unfertigkeit, als auf den ersten Blick scheinen mag. In erster Linie gilt das für die Phänomenologie und den Positivismus, die beiden ausgeprägtesten und einflußreichsten Richtungen in der Philosophie der Gegenwart, es läßt sich aber auch auf einige andere philosophische Richtungen anwenden, die viele Berührungspunkte mit der Phänomenologie beziehungsweise dem Positivismus aufweisen, die mit ihnen verbunden, oder gar aus ihnen hergvorgegangen sind, wie zum Beispiel Existenzialismus und Pragmatismus. Unbestritten gibt es aber wenigstens einen zeitgenössischen Philosophen, der etwas wirklich Revolutionäres, etwas was letztlich einen völligen Bruch mit allen herkömmlichen Denkgewohnheiten und theoretischen Vorentscheidungen bedeutete, angestrebt hat. Dieser zweifellos größte und bedeutendste Denker des heutigen Abendlandes – Martin Heidegger,

nur das Mittel der Wiedergeburt von Wissenschaft und Philosophie zu sein. Eine kurze, aber sehr instruktive Auskunft über diese letzten Absichten und Bemühungen Husserls, gibt Ludwig Landgrebe in dem Aufsatz: „Die Bedeutung der Phänomenologie Husserls für die Selbstbesinnung der Gegenwart“, im Sammelband: Husserl und das Denken der Neuzeit (Den Haag: M. Nijhoff, 1959), S. 216 - 223.

der schon mehr als 50 Jahre die geistige Situation unserer Zeit wesentlich beeinflußt, hat als erster die Frage nach der Metaphysik aufs äußerste zugespitzt, indem er offen gegen ihre Übermacht im geistigen Leben der europäischen Menschheit aufstand. Dieser eigenständige und eigenwillige Denker, der als Husserls Schüler begonnen hatte, sich aber bald von seinem früheren Lehrer lossagte, stellte sich sogar die kühne Aufgabe, die ganze abendländische philosophische Tradition kritisch zu überprüfen, zu dem Grund selbst vorzustoßen, auf dem diese Tradition beruht und so einem neuen, anderen, ursprünglicheren Denken Bahn zu brechen.[12]

Ebenso wie zu allen großen Philosphen der jüngsten und weiteren Vergangenheit findet man nur schwer Zugang zu Heideggers Denken, geschweige denn Verständnis dafür. Beinahe auf Schritt und Tritt gerät man in Zweifel über seine Gedanken. Nicht einmal sein Hauptvorhaben wird völlig klar, von allem anderen ganz zu schweigen! Es ist eine wahre Großtat, sich durch Heideggers Gedankenwelt durchzudringen, teils weil er die schwersten und weitreichendsten Fragen aufwirft, teils weil er sich einer sehr eigenartigen Sprache und eines besonderen Denkstils bedient. Fügt man noch hinzu, daß Heideggers Denken in seiner Entwicklung einschneidende Veränderungen mitmachte, daß Heidegger in seinem Spätwerk das Vorzeichen seines Philosophierens ins Gegenteil verkehrte, so sind unterschiedliche Auslegungen und Deutungen hier sicher nicht nur möglich sondern unvermeidbar.[13] Ungeachtet aller Schwierigkeiten und Unsicherheiten,

12. Über Heideggers Stellung zur Tradition vgl. Werner Marx, Heidegger und die Tradition (Stuttgart: W. Kohlhammer, 1961). Vgl. auch Walter Schulz, „Über den philosophiegeschichtlichen Ort Martin Heideggers", in: Otto Pöggeler (Hrsg.), Heidegger: Perspektiven zur Deutung seines Werks (Köln-Berlin:Kiepenheuer und Witsch, 1970), S. 95 - 139.

13. In der Sekundärliteratur bestehen große Unterschiede in der Interpretation dieser berühmten „Kehre". Die markantesten Beispiele sind: William J. Richardson: Heidegger: Through Phenomenology to Thought (The Hague: M. Nijhoff, 1963), S. 625; Otto Pöggeler, Der Denkweg Martin Heideggers (Pfullingen: Neske, 1963), S. 181; Karl Löwith, Heidegger: Denker in dürftiger Zeit (Göttingen: Vandenhoeck und Ruprecht, 1965), S. 38 - 39.

mit denen man hier rechnen muß, das Eine steht fest: Heidegger hatte zweifellos keine Illusionen über die abendländische Metaphysik insgesamt, war er von ihrer Überholtheit und Rückständigkeit zutiefst überzeugt, so daß er sowohl die Notwendigkeit als auch die Möglichkeit ihrer Erhaltung verneinte und alle neuen Versuche verspottete, sie neu zu beleben. Seiner Ansicht nach ist die traditionelle Metaphysik nur dem Namen nach Metaphysik, während sie in Wirklichkeit bloße Physik ist. Sie denkt nämlich immer nur an das Seiende, selbst dann, wenn sie vom Sein spricht. Grundsätzlich bleibt sie unter dem Niveau der Metaphysik, da sie nie an das Sein heranreicht, sondern sich ihr das Sein notwendig als Nichts zeigt. Nach Heideggers berühmten Worten ist die Metaphysik in ihrem Wesen Nihilismus, das ist einer vom Sein selbst zugesprochener Moment des Ausbleibens seiner Wahrheit, das ist eine Epoche der Seinsgeschichte in der es mit dem Sein nichts ist, in der das Sein nicht zum Worte kommt, sondern bleibt in der Vergessenheit ruhen. [14] Das ist wohl die schwerste Anklage, die überhaupt gegen diese klassische Form des abendländischen philosophischen Denkens erhoben werden konnte.

Ungeachtet dieser und ähnlicher Zweifel und Anklagen, die in vielen Büchern und Abhandlungen Heideggers auftauchen, bleibt es sehr fraglich, ob wir von diesem unseren berüchtigen Zeitgenossen kategorisch behaupten dürfen, er sei ein unversöhnlicher Gegner der Metaphysik gewesen, habe die Metaphysik brutal angegriffen, um sie zu vernichten und auszutilgen. Heidegger hat nämlich selbst einige Male zu verstehen gegeben, daß ihm sehr viel an der Metaphysik liege, daß er alle seine Hoffnungen auf ihre Erneuerung setze, ihm gar nicht einfalle, die Philosophie zu entwurzeln, sondern daß er ihr nur den Boden aufpflügen und die Fundamente befestigen wolle. Er benutzte anfangs selbst den Ausdruck „Metaphysik" und hat sogar eine Einführung in dieses Hauptgebiet der Philosophie geschrieben. [15]

14. Holzwege (Frankfurt/M: V. Klostermann, 1950), S. 244. Vgl. auch Der europäische Nihilismus (Pfullingen: Neske, 1967), S. 241.

15. Einführung in die Metaphysik (Tübingen: M. Niemeyer, 1953).

Darüber hinaus ist Heideggers Denken ganz von metaphysischem Pathos durchdrungen, nimmt das Recht in Anspruch, sich allein Metaphysik im eigentlichen Sinne des Wortes zu nennen, sein Ziel ist die Begründung der Metaphysik und weniger ihre Überwindung. Wir schließen das daraus, daß Heidegger völlig von der Frage nach dem Sein in Anspruch genommen ist, daß er außer ihr keine andere Frage kennt und anerkennt, daß die Frage nach dem Sein seine erste und einzige Sorge ist.

Es ist eine andere Sache, daß die Forderung nach der Befestigung der Metaphysik bei Heidegger fest mit der Forderung nach ihrer Überwindung verbunden, daß sie dem letzteren beinahe untergeordnet ist. Dazu kommt noch, daß Heidegger später jeden Gedanken verwarf, sein Werk als metaphysisch zu bezeichnen, und behauptete sogar, daß es nichts mit Philosophie und noch viel weniger mit einem Teil von ihr zu tun habe. Das ist noch nicht so schrecklich, wie es auf den ersten Blick aussehen mag, denn Heidegger benutzte in seinem Spätwerk zahlreiche sprachliche Neuerungen, um die überkommenen Auffassungen und Begriffe möglichst abzuschütteln. Er ging so weit, sogar den Verzicht auf das Wort „Sein" in Erwägung zu ziehen, da dieses Wort soviel von der metaphysischen Tradition in sich aufgesogen hatte, daß seine Beibehaltung dem Denken, das zu dem Grund der Metaphysik vordringen will, nicht nützen, sondern nur schaden könne.[16] Wie wir der Wahrheit zuliebe zugeben müssen, war dieser Wunsch nach sprachlicher Reinheit verfrüht, da Heidegger gar nicht in der Lage war, im Widerspruch zur Metaphysik überhaupt zu denken, da sich sein Denken nicht von allen metaphysischen Einflüssen befreien konnte. Tatsache bleibt aber, daß Heidegger im Widerspruch zur gesamten bisherigen Metaphysik eine neue, besondere Form der Metaphysik geschaffen hat, eigentlich eine Metaphysik der Metaphysik, eine Metaphysik, die ihre eigenen Voraussetzungen überlegt und von dem Gedanken an ihren bisher noch-nicht-gedachten, noch-nicht-durchdachten Grund beherrscht wird.

16. Unterwegs zur Sprache (Pfullingen: Neske, 1959), S. 109 - 110.

Im Gegensatz zu allen anderen Vertretern der gegenwärtigen Philosophie, die die brennendsten, dringlichsten Bedürfnisse der Zeit nicht zu verstehen wußten, und deshalb nicht zum äußersten Ende gehen konnten, tat Heidegger das Wichtigste: Er brachte die philosophische Tradition von Grund auf zum Wanken, zweifelte die Herrschaft von Vernunft und Verstand auf dem Gebiet der Metaphysik an, verwarf die Kategorie des Wesens (im Sinne von Substanz und Subjekt), die bis dahin zum unantastbaren Inventar der Philosophie zu gehören schien und mit deren Hilfe man bis dahin einzig und allein über das Sein nachdachte. Dieser radikale Bruch mit der philosophischen Vergangenheit des Abendlandes, den Heidegger bereits in seinem frühen Hauptwerk,[17] am Beginn seines Denkweges ankündigte, um daran bis zum letzten Atemzug festzuhalten, hat nicht nur negative Bedeutung. Die Kritik an der Vergangenheit sollte den Wert der Tradition nachweisen, anstatt sie in Staub und Asche zu legen. Das war wenigstens die Absicht, wenn auch nicht ihr endgültiges Ergebnis. Es kann nicht die Rede davon sein, daß Heideggers Interesse für das Wesen aufgehört habe, angeblich in der Überzeugung, daß jedes solches Interesse von vornherein zum Scheitern verurteilt sei. Er kam nie auf den Gedanken zu behaupten, es gäbe kein Wesen oder seine Existenz sei ein plumper Betrug. Heidegger wollte sich eigentlich den Bedürfnissen der Zeit anpassen, er wollte das finden und ausdrücken, was dieser Zeit am besten entspricht, was am besten zu dieser Zeit paßt, und auf neue, andere, zeitgemäßere Weise über das Wesen nachdenken. Er stimmte mit seinen philosophischen Vorgängern überhaupt nicht darin überein, die unter dem Wesen meist etwas Gegebenes, Fertiges, Abgeschlossenes verstanden, etwas, was ständig bestehen bleibt, etwas Dauerhaftes, das immer vorhanden ist. Seiner Überzeugung nach war die traditionelle Auffassung des Wesens unzureichend und ungeeignet, nach dem Vorbild eines leblosen Dinges geschaffen und insofern erschwerte das bessere Verständnis dessen, was das

17. Sein und Zeit (Tübingen: M. Niemeyer, 1963), S. 2, 21 - 22, 89 - 90, 147, 320.

Sein wesentlich von allem Seienden unterscheidet, mehr als sie dazu verhelfe. Wie entschieden Heidegger auch die Auffassung des Wesens als Substanz oder Subjekt ablehnte, war er sich dessen wohl bewußt, wie schwer es ist, etwas Genaueres darüber auszusagen, was das Wesen im neuen, anderen Sinne ist. Ihm war sogar klar, daß das kein gewöhnlicher Begriff ist, der sich in eine Definition fassen und näherbringen läßt, und so verzichtete er auf einen solchen Versuch. Das stimmt völlig damit überein, was Heidegger oft betonte, - die Ergebnisse seines Denkens seien keine Antworten, sondern eher Fragen, die zum weiteren Nachdenken treiben, seine denkerischen Vorstöße seien keine endgültigen Lösungen, sondern eher erste Schritte auf dem Wege zum wirklichen Verständnis des Seins.

Daß Heideggers Auffassung des Wesens nur in Andeutungen verblieb, daß dieser Auffassung ein klarer und deutlicher Begründungszusammenhang fehlt, neben vielen anderen uns wünschenswert erscheinenden Zügen will keinesfalls besagen, daß die Heideggersche Kritik an den Kategorien Substanz und Subjekt im großen und ganzen kurzatmig und unbedacht war. Ganz im Gegenteil. Wenn man vielleicht zugeben muß, daß Heidegger darin schwankte, was er wollte, so war er sich doch völlig im klaren, was er nicht wollte. Seine tiefe Überzeugung, daß das Ende der mehr als tausendjährigen Herrschaft von Vernunft und Verstand in der Metaphysik gekommen sei, seinen Glauben, daß Logik und logisches Denken bei der Erörterung metaphysischer Fragen nicht das letzte Wort hat, bemühte er sich so verständlich und annehmbar wie möglich zu machen. Er schreckte auch vor Vereinfachungen und Wiederholungen nicht zurück, um seine Kritik allseitig zu entwickeln. In seiner berühmten Antrittsvorlesung *Was ist Metaphysik?*, die seinerzeit die unterschiedlichsten Kommentare hervorrief, unternahm Heidegger es, die Unzulänglichkeit und Ungeeignetheit der Kategorien Substanz und Subjekt zu beweisen, wobei er sich auf jenes Nichts berief, von dem die Wissenschaft nichts wissen will, das wir aber alle aus der alltäglichen Erfahrung kennen.[18] Seinen Worten

18. Was ist Metaphysik ? (Frankfurt/M: V. Klostermann, 1965).

nach versagt die Logik dann, wenn man fragt, was das Nichts ist, und wenn man diese Frage zu beantworten sucht, da die Erfahrung von diesem Nichts jeder logischen Negation vorausgeht. Die Logik befaßt sich der Natur der Sache nach mit dem Seienden, logisches Denken ist immer gegenständliches Denken, immer das Denken von etwas. Das Nichts ist aber kein Seiendes, wenn es auch kein nichtiges Nichts ist, und kann demnach nicht Gegenstand logischen Denkens sein. Nach dem Nichts zu fragen bedeutet letzten Endes vorauszusetzen, daß das Nichts etwas sein könnte, also Seiendes, was widersprüchlich ist. Daraus wird klar, warum sich die Metaphysik nicht mit logischen Bestimmungen zufriedengeben kann, weshalb sie den Bereich der Logik verlassen und die Idee der Logik im Wirbel eines ursprünglicheren, eines anfänglicheren Denkens auflösen muß.

Man mag dabei wohl bemerken, daß Heidegger eingehend über das Nichts nachgedacht hat, seiner Erforschung große Bedeutung beigemessen hat und jeden Versuch ablehnt, es zu einem nichtigen und wertlosen Nichts herabzusetzen. Er war fest davon überzeugt, daß das Nichts sozusagen die Brücke darstellt, die zum Sein führt, daß die Erfahrung des Seins zuerst im Schatten des Verhältnisses zum Nichts möglich wird. Anders ausgedrückt: Heidegger stellte eine unmittelbare Verbindung zwischen der Frage nach dem Nichts und der Frage nach dem Sein her, für ihn waren das nur zwei Formen einer einzigen Grundfrage. Das Nichts ist nicht nur etwas anderes als das Seiende und nicht nur etwas Unbestimmtes, das dem Seienden gegenübersteht. Das Nichts ist der Abgrund des Seins, der Schleier, der das Sein bedeckt und hinter dem es sich verbirgt. Gerade weil das Nichts vom Sein so gebraucht wird, daß das Sein sich in der unmittelbaren Begegnung mit diesem Nichts offenbart, weil das Nichts die Voraussetzung für das Verständnis des Seins ist, teilt das Nichts das Schicksal des Seins, durchdringt das ganze Sein und „nichtet" im Herzen des Seins selbst. Sein und Nichts sind also eins, weil beide dieselbe Funktion haben: zur Erschließung des Seienden zu führen, das Seiende schlechthin zu bestätigen, das Sein allem Seienden zu schenken.

Wir brauchen hier nicht in allen Einzelheiten auf die Etappen einzugehen, die Heidegger auf seinem langen Denkweg durchmessen hat, und uns noch viel weniger überstürzt für eine Ansicht zu den viel erwähnten und umstrittenen Unterschieden in der Art der Fragestellung nach dem Sein in seinem Früh- und Spätwerk zu entscheiden. Es ist nicht unsere Aufgabe, an dieser Stelle ausführlich die Tauglichkeit von Heideggers frühen Bemühungen zu untersuchen, den inneren Zusammenhang zwischen dem Sein überhaupt und dem Menschensein, zwischen der Veränderlichkeit und Offenheit des Seins allen Möglichkeiten gegenüber und der Zeitlichkeit und Endlichkeit des menschlichen Daseins. Auch Heideggers spätere Bestimmungen des Seins, nach denen sich alles auf ein geheimnisvolles „Geviert" aus Himmel, Erde, Göttlichen und Sterblichen zurückführen läßt und nach denen sich die Totalität der Welt in einem unergründlichen „Spiegel-Spiel" ohne vorher festgelegten Sinn als grundloser „Reigen des Ereignens" erschöpft,[19] brauchen wir nicht einmal oberflächlich einzuschätzen. Wie aus den vorangegangenen Darlegungen klar hervorgeht, hat Heidegger etwas versucht, was niemand vor ihm auch nur für möglich gehalten hatte. Und er ließ es nicht bei dem Versuch bewenden. Als erster kündigte er an, daß eine ganz andere metaphysische Erfahrung möglich sein könnte, und kam damit den dringenden Bedürfnissen unserer Zeit entgegen. Heidegger nimmt damit unangefochten eine Sonderstellung unter den zeitgenössischen Philosophen ein und sein Denken ist gewissermaßen die philosophische Quintessenz der gegenwärtigen Welt. Es war wirklich viel Kraft und Kühnheit notwendig, um entgegen der gesamten Tradition neue, unerforschte Wege einzuschlagen, in der Überzeugung, so am besten am epochalen Geschehen mitzuwirken, im festen Glauben dem „Anfang einer anderen Geschichte" damit den Boden zu bereiten. Natürlich bleibt es eine offene Frage, wieweit Heidegger in der Durchsetzung seines

19. Vorträge und Aufsätze (Pfullingen: Neske, 1954), S. 170 - 181. Ähnlich: „Hölderlins Erde und Himmel", Hölderlin Jahrbuch, XI (1958 - 1960), S. 17 - 39. Über Heideggers spätes Philosophieren vgl. bes. Werner Marx, Vernunft und Welt: Zwischen Tradition und anderem Anfang (Den Haag: M. Nijhoff, 1970), S. 98 - 112.

Vorhabens gekommen ist, wieviel er wenigstens von seiner so selbstbewußt übernommenen Hauptaufgabe zu verwirklichen vermochte: Die Zauberei der metaphysischen Tradition abzuschütteln, ihre logisch-kategoriale Struktur aufzugeben und endgültig die Auffassung des Wesens als der Substanz, als des ewigen und notwendigen Vorbilds, als des einheitlichen Kerns zu überwinden, der bei aller Veränderung und Vielheit bestehen bleibt. Viele Stellen aus Heideggers frühen und späten Schriften lassen darauf schließen, daß dieser zeitgenössische Denker nicht in allem zeitgemäß war, daß er in mancherlei Hinsicht der philosophischen Tradition verhaftet blieb und viele seiner konkreten Lösungen nichts als die Endkonsequenz einiger ihrer uralter Motive darstellen.

DIE KRISE DES MENSCHLICHEN SELBSTVERSTÄNDNISSES

Nebeneinander mit der Erschütterung der Metaphysik, dem Sinken ihres Ansehens und der Ablehnung aller ihrer Ergebnisse, nebeneinander mit den immer lauter werdenden und entschiedeneren Versuchen, das Bedürfnis und die Möglichkeit der Aufrechterhaltung dieser klassischen Form des abendländischen philosophischen Denkens anzuzweifeln, den Wert der metaphysischen Wahrheitsauffassung zu verneinen, ist heute auch das menschliche Selbstbewußtsein ins Wanken geraten, wurde sogar das Bild des Menschen um sich selbst problematisch, und werden Angriffe auf den gesamten Denk- und Kategorialapparat der philosophischen Anthropologie immer häufiger. Diese beiden Vorgänge sind offensichtlich untereinander eng verbunden und stehen einander sehr nahe, obwohl keiner von ihnen als bloße Folge des jeweils anderen gedeutet werden kann. Es geht hier jedenfalls um einen epochalen Vorgang, es geht hier um eine weitreichende Tendenz. Gleichermaßen bedroht sind heute sowohl die traditionelle Auffassung des Seins als Substanz und Subjekt als auch die herkömmliche Auffassung des Menschen als vernünftiges

Wesen, als eines mit vernünftiger Rede begabten Wesens. Kritik wird heute geübt - genauer gesagt - an der gesamten bisherigen Praxis des menschlichen Selbstverständnisses mit allen ihren subtilen metaphysischen Begründungen. Drücken wir es einmal so aus: Der Mensch ist heute auf dem besten Wege, die ganze Last der Vergangenheit abzuschütteln, da er nicht mehr weiß, wer er ist, woher er kommt und wohin er geht, da er den Glauben an das jahrhundertelang gestaltende und vervollkommnende Bild von sich selbst in seiner Beziehung zu allem Seienden verloren hat. Es ist heute soweit gekommen, daß alle bisherigen Formen des menschlichen Selbstverständnisses versagen, alle früheren Ansichten darüber, was der Mensch ist und welche Stellung er in der Welt einnimmt, ihre Anziehungs- und Überzeugungskraft eingebüßt haben, daß jene große philosophische Idee vom Menschen, an der sich bis vor kurzem zahlreiche Generationen des europäischen Menschentums berauschten, fast ganz unwirklich und unverständlich geworden ist. Letztlich bedeutet dies, daß der gegenwärtige Mensch alle überkommenen philosophischen Bestimmungen seines Wesens verworfen hat, daß er aufgehört hat, sich selbst mit den Augen der Philosophen zu betrachten, daß er für sich selbst das größte Rätsel geworden ist.

Auf den ersten Blick erscheint es nicht einmal verwunderlich, daß die menschliche Selbsterkenntnis in eine so mißliche Lage geraten ist und der Mensch von heute solche Ungelegenheiten mit sich selbst hat. Das kommt auch nicht zum erstenmal vor. Genausowenig ist ein Geheimnis, daß der Mensch schon immer im Zweifel über seine Bestimmung war und daß die Unsicherheit in dieser Hinsicht ein hervorstechendes Merkmal seines Wesens bildet. Die gegenwärtige Krise des menschlichen Selbstverständnisses ist aber, wohlgemerkt, schlechthin einmalig und eigenartig und läßt sich mit nichts Vorangegangenem vergleichen. Sie ist ebenso einmalig und eigenartig wie die Krise der ganzen gegenwärtigen Welt, die in ihr und durch sie einen so beredten Ausdruck findet.[20] Der Mensch ist, ohne Übertreibung gesagt, von allen

20. Insofern ist die größte Not sicherlich nicht darin zu sehen, daß es heute keine einheitliche Idee mehr gibt, die als Leitfaden in der wissen-

Seiten gefährdet, auf Schritt und Tritt droht dasselbe Übel, lauert dieselbe Gefahr. Am wichtigsten ist dabei, daß sein Schicksal eigentlich das Werk seiner Freiheit ist, sein Leiden selbst verschuldet und nicht nur vorherbestimmt ist. Aus diesem Grund ist der gegenwärtige Mensch mit sich selbst so wenig zufrieden, so mißtrauisch seiner historischen Selbststilisierung gegenüber und so entschlossen dazu, mit seinem früheren philosophischen Gewissen zu brechen.

Wie ernst und beruhigend die gegenwärtige Situation ist und wie schwer man den Versuchungen unserer Zeit standhält, ist am besten daraus ersichtlich, daß die Krise des menschlichen Selbstverständnisses nicht nur theoretische, sondern vornehmlich praktische Bedeutung hat, daß Zweifel und Unsicherheit über den Menschen und seine Bestimmung die Sphäre der Praxis ebenso tief, wenn nicht tiefer betreffen als die Sphäre der Theorie. Vielleicht ist das Fehlen der praktischen Orientierung ein drastischeres Kennzeichen der gegenwärtigen Krise als die Unsicherheit in theoretischer Hinsicht. Jedenfalls ist heute nicht nur das Bild des Menschen verwischt, sondern auch die Vorstellung von der wahren Aufgabe des Menschen verschwommen, hat der Mensch im Kampf um seine Menschwerdung sehr nachgelassen, weil die gegenwärtige Kultur beinahe völlig aufgehört hat, sich von der Möglichkeit einer allseitigen Entfaltung der menschlichen schöpferischen Fähigkeiten beflügeln zu lassen. Einige der größten und hervorragendsten Denker der Gegenwart gingen

schaftlichen Erforschung des Menschen dienen könnte, daß die gegenwärtige Philosophie noch nicht den Ariadnes Faden gefunden hat, um die zahlreiche und verschiedenartige Kenntnisse vom Menschen in ein abgerundetes Ganze zu verbinden, wie es unlängst, in Anlehnung an Max Scheler, Ernst Cassirer behauptet hat in seinem letzten bei Lebzeiten veröffentlichten Buch An Essay on Man (New Haven: Yale University Press, 1944), S. 22. Daß man die Zurückhaltung, Unsicherheit und Unentschiedenheit des gegenwärtigen Menschen in Bezug auf das eigene Sein überhaupt nicht verstehen kann, solange man nicht diese Züge in Verbindung mit der radikal geschichtlichen Ausrichtung unserer Zeit bringt, macht aufmerksam Gerhard Krüger, Grundfragen der Philosophie (Frankfurt/M: V. Klostermann, 1965), S. 1 - 10.

sogar so weit, die Idee des Humanismus selbst zu verspotten, das Ideal der humanistischen Bildung verächtlich zu machen und die humanistische Ausrichtung schlechthin geringzuschätzen.[21] Immer häufiger wird die Behauptung laut, es gäbe keine verbindlichen Maßstäbe der Menschlichkeit, alle bisherigen humanistischen Bestimmungen seien unzureichend und unzutreffend und der Humanismus sei keine allgemeinmenschliche Bestrebung, sondern eine bloße bürgerliche Mystifikation. Man äußert sogar offen die Meinung, mit dem Menschen sei es aus,[22] das menschliche Leben sei weder die höchste noch die wertvollste Form der Existenz, der Sorge um den Menschen käme keine besondere Aufmerksamkeit zu, ja sogar der Mensch sei das Letzte, wofür man sorgen müsse.

Allen diesen mehr oder minder scharf ausgeprägten theoretischen und praktischen Schwierigkeiten und Bedenklichkeiten, die so bezeichnend für die Zeit sind, in der wir leben, liegt die Überzeugung zugrunde, es gebe keine starre, fixe, abgeschlossene Struktur des menschlichen Seins, es gäbe keine Bündel unveränderlicher Eigenschaften, mit denen der Mensch von Natur aus ausgestattet sei, es gebe keine menschliche Substanz, die vorgegeben wäre und die es nur zu verwirklichen gilt. Die kühnsten Kritiker der heutigen Welt, die sich sonst gern selbst als Vorboten der Zukunft bezeichnen, verwehren sich gegen alle bisherigen Denkgewohnheiten und theoretischen Vorentschei-

21. Es macht keinen großen Unterschied, ob man das im Namen einer ursprünglicheren Lebenserfahrung tut (wie Martin Heidegger, Über den Humanismus, Frankfurt/M: V. Klostermann, 1968, S. 31), oder im Namen der Emanzipation der unterdrückten menschlichen Triebstruktur (wie Herbert Marcuse, „Das Reich der Freiheit und das Reich der Notwendigkeit", Praxis, 1/2, 1969, S. 20 - 21).

22. Und zwar nicht nur im Sinne der methodischen Forderung der strukturalistischen „Archäologie" der Sozialwissenschaften (vgl. Michel Foucault, Les mots et les choses, Paris: Gallimard, 1966, S. 15), sondern auch als eine inhaltliche „marxistische" Lösung (vgl. Louis Althusser, Pour Marx, Paris: F. Maspero, 1965, S. 236). Aus ganz anderen Gründen, von der Verwüstung des Menschen in der gegenwärtigen Welt spricht Günther Anders, Die Antiquiertheit des Menschen (München: C.H. Beck, 1965).

dungen, lehnen dic Grundvoraussetzungen ab, auf denen die traditionelle Auffassung vom Menschen beruht, und bilden sich ein, den weiteren Verlauf der Ereignisse entscheidend beeinflussen und eine Wandlung im Wesen des Menschen hervorrufen zu können. Sie sind gleichermaßen unbefriedigt mit der platonisch-aristotelischen Deutung des menschlichen Seins nach dem Vorbild von Sein alles Seienden (im Sinne einer ewigen, unveränderlichen, unzerstörbaren, versammelten, einheitlichen, erhellten, durchsichtigen, und vernünftigen Ordnung) wie auch mit dem neuzeitlichen Subjektivismus und Anthropozentrismus, den Descartes mit seiner Auffassung des Menschen als Denksubjekt, als selbstbewußte Intelligenz, als denkende Sache (*res cogitans*) begründet hat, wobei er eine unmittelbare Verbindung zwischen der Art des menschlichen Daseins und der Daseinsweise des leblosen, im Raume ausgedehnten Dinge (*res extensa*), herstellte. Diese Kritiker scheinen wohl zu befürchten, daß im ersten Falle die Gefahr der Verdinglichung des Menschen drohe oder wenigstens der Behinderung seiner schöpferischen Fähigkeiten, wie sie wirklich im letzteren Fall droht. Ihrer Meinung nach läßt sich der Mensch nicht durch metaphysische Kategorien begreifen und bestimmen, da das Wesen des Menschen einen dynamischen Kern bildet, der sich ständig ändert, entwickelt und erneuert, da das Wesen des Menschen unvollständig und unvollendet ist, so daß es neuen Möglichkeiten gegenüber stets offen bleibt.

Wie vorauszuschicken ist, schließt der Hinweis auf die Veränderlichkeit des menschlichen Seins und seine Offenheit neuen Möglichkeiten gegenüber die Forderung nach der völligen Befreiung des Menschen in sich ein, kündigt eine wahre Wandlung in der Art an, über den Menschen nachzudenken, und unterscheidet sich wesentlich von vielen scheinbar ähnlichen Hinweisen in der philosophischen Tradition. Es geht dabei um etwas viel Radikaleres und Weitreichenderes als den Glauben an die Fähigkeit des Menschen, von niedrigeren Formen des Lebens zu höheren, vollkommeneren, menschlicheren voranzuschreiten, sich und die umgebende Welt entsprechend gewissen im voraus gestellten Zwecken zu ändern, den Dingen und Verhältnissen eine neue Form zu verleihen, wobei man sich an den vorher im Begriff gefaßten idealen Forderungen hält. Wenn man heute sagt, das Wesen des Menschen sei schwankend und veränderlich, unvollständig und unvollkommen und somit neuen Möglichkeiten gegenüber offen, so geht es dabei nicht um die Verwirklichung der tiefsten menschlichen Möglichkeiten oder um die Umwandlung des potentiellen Seins in ein reales im Sinne der traditionellen metaphysischen Bestimmungen. Man hat dabei eigentlich das menschliche Schöpfertum als Hervorbringung von Neuem und Unbekannten im Sinn, es wird die menschliche Fähigkeit hervorgehoben, frei zu schöpfen, was und wie er will, bisher nirgends dagewesene Verhältnisse herzustellen, neue Dinge zu produzieren, ohne Einsicht in das Mögliche als solches. Die führenden und hervorragendsten Denker unserer Zeit lehnen jeden Gedanken ab, daß der Mensch einen festen Halt haben könnte, sie wollen nicht zugeben, daß der Mensch in seinen schöpferischen Bestrebungen beschränkt sein könnte. Sie möchten sich auch nicht damit abfinden, daß der Mensch lediglich ewige Vorbilder nachahmen könnte, was schon seit jeher besteht, aber im Verborgenen liegt, was es schon immer gewesen war, was nicht anders sein kann, aber ständig von neuem entdeckt und bekräftigt werden muß. Ihrer Meinung nach würde das der menschlichen Würde Abbruch tun und außerdem bezweifeln sie, ob das mit der wahren Form des Seins alles Seienden im Einklang stehe. In ihrer Einbildung wurde der Mensch in einem ganz eigenen Sinne des Wortes zum Schöpfer, erhielt die größten Machtbefugnisse und wurde wahrhaft zum Mitarbeiter am Weltgeschehen. In welchem Maße die Distanzierung der gegenwärtigen Denker von den traditionellen Auffassungen angebracht und begründet ist, wie sehr ihre Vorbehalte diese Auffassung in ihren vielen und mannigfaltigen Varianten trifft, ist eine andere Frage.

Der wahre Sinn der heutigen Angriffe auf das philosophisch-anthropologische Erbe ist von vornherein nicht ganz klar. Beunruhigend wirkt, daß der Nachdruck der Kritik bald auf die eine, bald auf die andere Seite übergeht. Deshalb bleibt unklar, ob sich die moderne Krise des menschlichen Selbstverständnisses im Eingeständnis erschöpft, daß die herkömmliche Auffassung zusammengebrochen ist, oder ob sie erst in den Versuchen ihren Ausdruck findet, einen anderen Weg zu gehen, anders zu denken, den Menschen aus einer völlig anderen Perspektive zu begreifen, als man es bisher gewohnt war. Man unterliegt dabei leicht dem trügerischen Eindruck, diese beiden Ereignisse hätten nichts miteinander zu tun, so daß man gewissen Anfangserfolgen auf der anderen Seite mehr Gewicht beimißt als unbestreitbaren Schwierigkeiten auf der ersten. Die Krise des Selbstbewußtseins ist ein unvermeidliches Bestimmungszeichen unserer Zeit. Sie ergibt sich keineswegs nur aus der Verbrauchtheit und Überholtheit des alten, sondern auch aus der Unbestimmtheit und Unvollständigkeit des neuen Standpunkts. Ihr Höhepunkt liegt vielleicht gerade darin, daß der alte Standpunkt schon jede Kraft verloren hat, während sich der neue noch nicht bestätigen und durchsetzen konnte. Belanglos ist dabei, daß der Zusammenbruch der traditionellen Auffassung einer Welle des Pessimismus Tür und Tor öffnete, Unruhe, Unsicherheit, Zweifel und Enttäuschung verbreitete, während der Ansatz zu einer neuen Auffassung einen gewissen Optimismus und Selbstsicherheit ausströmte, Träume von der unbegrenzten Freiheit Nahrung gab und Hoffnung auf die Möglichkeit einer völligen Befreiung des Menschen weckte. Das sind nur zwei Seiten derselben Krise.

Wie dem auch sei, so ist der gegenwärtige Zustand doch nur ein Glied in einer langen Kette von Ereignissen, er ist allmählich entstanden und aus sich längst abzeichnenden Tendenzen hervorgegangen. Der Großteil der jetzigen Schwierigkeiten und Verlegenheiten über den Menschen geht noch auf die zweite Hälfte des vorigen Jahrhunderts zurück. Wir brauchen aber die gegenwärtige Krise des menschlichen Selbstbewußtseins nicht zurückverfolgen, brauchen ihren Ursprung in jüngster oder längerer Vergangenheit nicht nachzuweisen und die geistigen Strömungen nicht zu untersuchen, die sie vorbereiteten und verursachten. Völlig überflüssig wäre es, an dieser Stelle in allen Einzelheiten in die Fragen eindringen zu wollen, welche Rolle die Lebensphilosophie eines Nietzsche, Dilthey oder Bergson bei der Vorbereitung der Wendung gespielt hat, über den Menschen nachzudenken. Das könnte uns nur auf Abwege führen, von denen man nur schwer zum eigentlichen Weg zurückfindet. Es genügt der Hinweis, daß die neue Auffassung des Menschen die Frucht vieler und verschiedenartiger kultureller Einflüsse ist, sich darin die unterschiedlichsten philosophischen Motive verschränken, die zu Ende des vorigen und zu Beginn unseres Jahrhunderts zum erstenmal im Kampf gegen die Tradition vorgetragen wurden. Indem sie eine neue exzentrische Möglichkeit der menschlichen Existenz aufdeckt und einen Grenzstandpunkt des Menschen ankündigt, vereint diese Auffassung die wichtigsten und hervorstechendsten Züge aller dieser vielfachen Bestrebungen und Anstrengungen. Deshalb ist sie ganz symptomatisch, völlig im Einklang mit den Forderungen der Zeit und entspricht vollkommen dem modernen epochalen Bewußtsein. Es liegt ein tieferer Sinn darin, daß diese Auffassung von vielen unseren Zeitgenossen so gut aufgenommen und so schnell weithin bekannt und beliebt wurde.

Die ganze Schwere und der ganze Ernst der gegenwärtigen Krise des Selbstbewußtseins wird wohl am deutlichsten am Beispiel Heideggers, am Beispiel eines hervorragenden Denkers der Gegenwart, der am meisten zur Destruktion, d.h. zum Abbau, Abtragen und Auf-die-Seite-stellen der philosophischen Tradition geleistet hat. Unter den heutigen Philosophen können sich an Denkkraft und Fähigkeit, die tiefsten Bestrebungen und Anliegen unserer Zeit auszudrücken, nur wenige mit Heidegger messen. Noch geringer ist die Zahl derer, deren Kühnheit und Folgerichtigkeit bei der Annahme und Bestätigung der eben verlaufenden epochalen Wende mit der seinen zu vergleichen wäre. Es ist weder wunderlich noch gekünstelt wenn Heidegger von seinem Denken sagt, es sei die „Antwort“ auf einen „Zuspruch des Seins“, es stelle einen „Widerhall der Gunst des Seins“ dar, in ihm solle „höchstes Handeln und Vollbringen“ gesehen werden und kein bloßes Produkt seiner menschlichen Fähigkeiten. Das zeigt nur, daß er sich der schicksalhaften Verbundenheit seiner Philosophie mit der gesellschaftlich-geschichtlichen Situation, aus der sie entstanden und auf die sie zugeschnitten ist, zutiefst bewußt war. Deswegen verdient seine Kritik an der traditionellen Auffassung des Menschen als vernunftbegabtes Wesen ebenso wie seine Kritik am Humanismus die größte Aufmerksamkeit.

Schon der junge Heidegger nahm als etwas selbstverständliches an, das menschliche Leben habe nichts Dauerhaftes, Beständiges und Unveränderliches, das Sein des Menschen sei im Strudel des Zeitablaufes hoffnungslos zerrissen. Er ist sich völlig darüber im klaren, daß es keine vorbildliche sinnvolle Ordnung gibt, die dem Seienden schlechthin eigen wäre, daß es keine absoluten Maßstäbe gibt, die ohne Unterschied für alle Menschen bindend wären; er weiß ganz gewiß, daß es keine ewigen Wahrheiten gibt, an die man sich halten, daß es keine ewigen Urbilder gibt, nach denen man sich richten müßte. Heideggers Worten nach ist der Mensch in die Welt „hineingeworfen", ohne zu wissen, woher er kommt und wohin er gehen soll, er ist einfach da und muß sein. Diese sinnlose „Faktizität" des menschlichen Daseins macht das Wesen des Menschen aus, es ist eines der Hauptmerkmale seines Seins. Wohlgemerkt ist dieses nackte „daß es ist und zu sein hat"[23] keine endgültige Tatsache, sondern etwas was der Mensch immer wieder auf sich nehmen muß, um die Wahrheit seiner Existenz zu erfahren. Von entscheidender Bedeutung ist für den Menschen sein Verhältnis zum Tod, zur äußersten Grenze seines Lebens, denn der Mensch wird erst dann zum Menschen, das heißt, fähig sich für eine der konkreten Möglichkeiten des Seins zu entscheiden, wenn er diese absolute Unmöglichkeit der Existenz bewußt akzeptiert. In der Situation der Unsicherheit, Angst und Gespanntheit, die durch seine „Hineingeworfenheit" unter das Seiende entsteht, weiß der Mensch nur eins genau - daß ihm der Tod bevorsteht, daß das Nichts sein letztes Ziel, seine unzweifelhafte, unausweichbare Zukunft ist. Alles das zeigt klar genug, daß dem menschlichen Leben der feste Halt genommen ist, daß dem Menschen nichts davon gegeben ist, was seinem Leben einen Sinn verleihen und es lebenswert machen könnte.

Wie wahr es auch sein mag, daß diese existenzielle „Analy-

23. Sein und Zeit, S. 134 - 135. Näheres darüber in: Karl Alphéus, „Was ist der Mensch (nach Kant und Heidegger)", Kant-Studien, 59/2 (1968), S. 187 - 197.

tik des menschlichen Daseins" verdächtig und gefährlich ist, insofern, als sie die Verirrungen und Täuschungen der Gegenwart fördert und rechtfertigt, soll hervorgehoben werden, daß erst der späte Heidegger die verdächtigsten und gefährlichsten Konsequenzen gezogen hat. In der zweiten Phase seines philosophischen Schaffens, nach der berühmten ,,Kehre", die sich in seinem Denken ereignet hat, in der Phase, in der er beharrlich an den Grundpunkten seines radikal historischen Standpunktes festhielt, obwohl er die Frage nach dem Sein selbst anstelle der Frage nach dem Sinn des Seins für den Menschen in den Mittelpunkt seiner Aufmerksamkeit stellte, hat Heidegger die gegenwärtige Krise des menschlichen Selbstverständnisses aufs äußerste verschärft. In Weiterentwicklung seines ursprünglichen Gedankens, daß die Welt nur als subjektive Projektion innerhalb einer bestimmten Deutung besteht, für die sich der Mensch entscheiden muß, um überhaupt leben zu können, tat Heidegger einen bedeutenden Schritt vorwärts: Er legte den ganzen Nachdruck auf die schöpferische Seite der menschlichen Existenz und befreite das Wesen des Menschen von allen möglichen Fesseln und Beschränkungen. Wie aus seinen späteren Erklärungen hervorgeht, ist der Mensch im wahrsten Sinne des Wortes ein Schöpfer. Es gibt keine Regeln, die den Menschen in irgendeiner Hinsicht beschränkten, keine Gesetze, die ihn auf irgendeine Weise verpflichteten. Wichtig sind weder ,,Vernunft", noch ,,Logik" oder ,,Ethik", noch irgendeine andere Vermittlung der Kultur. Wichtig ist nur, daß der Mensch den Ruf des Seins vernimmt, daß er eine Heimstatt in seinem Licht findet, daß er annimmt, was ihm das Sein zuteilt, daß er seine Wahrheit ins Werk setzt.[24] In unverbrüchlicher Einheit mit dem Sein verbunden, genießt der Mensch unbegrenzte Freiheit und erhält die höchsten Machtbefugnisse. Als

24. Über den Humanismus, S. 44 - 45. In seinem Buch Was heisst Denken? (Tübingen: M. Niemeyer, 1971), S. 161, stellt Heidegger fest, daß das Denken, das nach seiner Herkunft und Bedeutung fragt, keine großen Lebensfragen lösen, geschweige denn dem Handeln unmittelbar die Kraft verleihen kann, ja dass es sinnlos ist, dem Denken, das ins ,,bevorstehende Weltalter" einführen will, große Forderungen zu stellen, besonders solche, die das bisherige Denken ausfüllen zu müssen wähnte.

gleichberechtigter Teilnehmer am „Weltspiel", wenn schon nicht als wahrer Herr des Seins alles Seienden, wird er fähig, wahrhaft Neues und nie Dagewesenes hervorzubringen, das zu schaffen, was es nie und nirgends gegeben hat und was bisher niemand überhaupt für möglich gehalten hat. So führte Heidegger den Grundansatz der neuzeitlichen Metaphysik sozusagen auf den Höhepunkt, obwohl er ausdrücklich versicherte, ihn überwunden und besiegt zu haben. Er eröffnete dem Menschen einen Bereich von dem ihn die philosophische Tradition sorgfältig ferngehalten hatte, und maß dem Menschen bei der Weltkonstitution sogar eine wichtigere Rolle zu als die transzendentale Philosophie, die Philosophie, die die souveräne Freiheit der Vernunft verkündet hat.

Heideggers Auffassung war allerdings weit davon entfernt gegenüber der herkömmlichen einen Fortschritt darzustellen und noch viel weniger läßt sie sich der letzteren gleichstellen, wie das auf den ersten Blick scheinen mag. Sein Hinweis auf die unbegrenzte Freiheit des „schöpferischen" Menschen läßt sich auch kaum mit den früheren Versuchen in Verbindung bringen, den Menschen als Produkt seines eigenen Tuns, beziehungsweise als Subjekt zu betrachten, das absolut sein eigenes Sein setzt. Heidegger unterscheidet sich wesentlich von seinen idealistischen Vorgängern dadurch, daß er im Gegensatz zu ihnen nicht mehr an die Macht des Geistes glaubt, die überkommene Hierarchie der menschlichen geistigen Energien anzweifelt und sich gegen die Herrschaft der Vernunft, die alles versöhnt und erlöst, verwahrt. Nicht von ungefähr war Heidegger so unversöhnlich gegen die traditionelle Auffassung des Menschen als vernünftigen Wesens, um nebenbei eine nicht genügend genutzte theoretische Möglichkeit auszuprobieren. Seine Stellungnahme gründet auf einer eingehenden und methodischen Vertiefung in die geistige Vergangenheit des Abendlandes. Sie war die unmittelbare Folge seines Bruches mit der Metaphysik, seiner Ablehnung der substanziellen Auffassung des Seins.

Im Gegensatz zu den führenden Vertretern der philosophischen Tradition, die vom Glauben an die Durchsichtigkeit des Seins beseelt waren und fest daran glaubten, daß das Sein in seinem Wesen lichthaft, durchscheinend, gesammelt, geordnet, vernünftig und wahrhaft sei, oder wenn nicht ganz so, daß doch wenigstens diese seine Eigenschaften stärker, machtvoller, ursprünglicher, allen anderen ihm innewohnenden Eigenschaften überlegen seien, schlug Heidegger eine grundsätzlich andere Lösung vor. Seiner Ansicht nach ist das Sein alles andere als eine sinnvolle Ordnung, seine Wahrheit ist das Licht, das sich verbirgt, das ausbleibt, das ins Dunkel gehüllt ist. Heidegger entfernte sich nicht allein dadurch von der Tradition, daß er die Durchsichtigkeit des Seins bestritt, auf seine dunkle, finstere, geheimnisvolle Seite aufmerksam machte und seiner rationalen Einsicht Grenzen setzte. Sein Abweichen von der Tradition ist auf etwas viel Tieferes, viel Radikaleres gerichtet. Heidegger war nämlich zu dem Schluß gelangt, daß das Sein ein dynamisches Verhältnis ist, in dem die „Mächte der Finsternis" sich im vollkommenen Gleichgewicht zu den „Mächten des Lichts" befinden, in dem Irrtum und Schein ebenbürtige Partner im Geschehen von Wahrheit und Wirklichkeit sind.[25] Das ist eine wesentliche Neuerung, die Heideggers Werk bringt, und das, was an seiner Auffassung am meisten verwirrt und beunruhigt. Ist das Wesen der Wahrheit also etwas anderes als die Entbergung, die sich nur an einem finsteren Horizont ereignet, schließt die Wahrheit sogar den Irrtum und Schein und nicht nur Unklarheit und Unsicherheit ein, dann ist der Unterschied zwischen wahrem, wahrhaft menschlichem Sein und verzerrtem, entartetem Dahinvegetierten gleich Null, dann ist alles, was geschieht, berechtigt, alles was sich in irgendeinem Augenblick durchsetzen kann, gerechtfertigt, dann ist in der Welt des Menschen alles möglich, da nichts mehr verbindlich ist. Wenn das so ist, können wir uns gemeinsam mit Heidegger – wenn auch nicht gänzlich ihm folgend – nur fragen: „Stehen

25. Vom Wesen der Wahrheit (Frankfurt/M: V. Klostermann, 1967), S. 22 - 23. Für eine kritische Auseinandersetzung mit der Heideggerschen Auffassung der Wahrheit, vgl. Werner Marx, Heidegger und die Tradition, S. 242 - 247, und besonders Ernst Tugendhat, Der Wahrheitsbegriff bei Husserl und Heidegger, S. 328 - 405.

wir im Vorabend der ungeheuersten Veränderung der ganzen Erde?" „Sind wir die Spätlinge einer Geschichte, die jetzt rasch auf ihr Ende zugeht?" „Sind wir die Vorzeitigen der Frühe eines ganz anderen Weltalters?"[26] Denn wenn Gut und Böse gleich wert und wichtig sind oder – was auf dasselbe hinausläuft – wenn zwischen ihnen kein Unterschied gemacht werden kann, dann ist alles verloren, dann ist der Untergang der gesamten bisherigen Kultur unausweichlich.

Weil die Krise des menschlichen Selbstverständnisses auf das engste mit der Krise der ganzen gegenwärtigen Welt verknüpft ist, es versteht sich von selbst, daß diese nur schwer gemeistert werden kann, sogar um den Preis höchster geistiger Anstrengung. Offensichtlich läßt sie sich durch die bloße Rückkehr zur traditionellen Auffassung des Menschen weder aufhalten noch mildern und noch viel weniger überwinden. Als ob es nur von unserem guten Willen abhänge, das philosophische Erbe der Vergangenheit am Leben zu erhalten! Als ob wir uns dem epochalen Gang des Denkens dadurch entgegenstemmen könnten, daß wir uns hinter den ehemaligen Formen des Selbstbewußtseins verstecken. In einer Welt, der so viel an der Veränderung der äußeren Bedingungen der menschlichen Existenz gelegen ist, in der Wissenschaft, Technik und Industrie unbegrenzt voranschreiten,[27] ließe sich durch einen Rückgriff auf ererbte Begriffe und Theorien wohl kaum etwas erreichen, niemand würde sich mit abgestandenen Phrasen und Formulierungen zufriedengeben. Besonders deshalb, weil die vor sich gehende Revolution keine Beschränkungen duldet, so daß selbst das innere Wesen des Menschen nicht von Veränderungen verschont bleibt. In welchem Maße dieser neue, nicht mehr irdische, sondern plane-

26. Holzwege, S. 300. Der Text ist etwas gekürzt, und die Reihenfolge der Fragen geändert.

27. Daß das Heideggersche Denken in vielem dem Selbstbewußtsein des gegenwärtigen Menschen entspricht, der vermittels der Kraftmaschinen und Atomtechnik ganz neue Dinge produzieren und ungeheuere Unternehmungen veranstalten kann, darauf verweist Werner Marx, a.a.O., S. 85. Vgl. auch Rudolph Berlinger, Das Werk der Freiheit (Frankfurt/M: V. Klostermann, 1959), S. 107 - 111, 125 - 135.

tarische Mensch, dessen Kommen so lautstark angekündigt wird, als ob es dabei noch irgendwelche Überraschungen geben könnte, in welchem Maße dieser neue Mensch eine schöpferische Verbindung zu seinen philosophischen Vorläufern wird aufrechterhalten können, wieweit er in der Lage sein wird, sich selbst und die umgebende Welt philosophisch zu begreifen, alten philosophischen Worten neue Kraft einzuhauchen und durch sie die neue Lebenserfahrung auszudrücken, können wir nur vermuten.

Ein Fehler wäre es jedenfalls, diesen Hinweis auf den beschränkten Wert der philosophischen Tradition als Zustimmung zu der heute so verbreiteten und eingebürgerten Geringschätzung aller ihrer Errungenschaften aufzufassen. Kein geringerer Irrtum wäre es, in dieser Warnung einen Versuch zu sehen, jede Berufung auf die Tradition zur Selbstbesinnung der gegenwärtigen Welt und zur Überwindung der Krise des Selbstbewußtseins von vornherein auszuschließen. Wie zutreffend es auch sein mag, daß eine Restauration in der Philosophie ebensowenig Erfolgschancen hat wie in der Politik, stimmt es nicht minder, daß kämpferisches Aufklärertum im einen wie im anderen Bereich gleich fehl am Platze ist. Wie man sich bewußt sein muß, ist die herkömmliche Auffassung des Menschen als vernünftigen Wesens hochentwickelt und stark verzweigt und es gibt wesentliche Abweichungen zwischen ihren einzelnen Versionen. Sie ist weder so ärmlich noch so einseitig, wie uns ihre gegenwärtigen Kritiker glauben machen wollen. Sicher ist zumindestens, daß der Mensch erst in der neuzeitlichen Philosophie ein denkendes Subjekt geworden ist, das heißt, ein Denker, der *a priori* im Widerspruch zur ganzen Welt, einschließlich seinem irdischen menschlichen Leib steht, während in der antiken Philosophie der denkende Mensch stets ein Mensch war und blieb, also ein konkretes sinnlich-körperliches Geschöpf, das mit allen seinen Geistes- und Körperkräften an einem sinnvollen Leben beteiligt ist. Da die alten griechischen Philosophen die Einheit und Ganzheit des menschlichen Seins viel besser zu hüten wußten als viele ihrer angeblichen modernen Jünger und Nachfolger, sind die gegenwärtigen Forderungen nach der völligen Vernachlässigung der antiken Beiträge zur philosophischen Anthropologie auch bei dem Versuch, die Schwächen und Beschränkungen der neuzeitlichen Ergebnisse auf diesem Felde zu überwinden, unbegründet und unhaltbar.[28]

Aber unabhängig davon, ob und wieweit es überhaupt möglich ist, mittels der Vergangenheit die Zukunft zu sichern, gilt es die Schwierigkeiten und Zwiespalte unserer Zeit gut zu durchdenken. Es kann nicht die Rede davon sein, daß die gegenwärtige Situation nur kritisch ist, wenn man sie auch meistens so bezeichnet. Die moderne Welt ist wohl bereits über den kritischen Punkt hinaus, so daß man das, was heute mit dem Menschen und seiner Kultur geschieht, vielleicht treffender den endgültigen Verzicht auf den bisherigen Weg, denn als ein augenblickliches Versagen auf ihm nennen sollte. Sehr ernst ist die gegenwärtige Lage, weil alle notwendigen Beschränkungen, an die sich der Mensch in seinem Verhältnis zur Gesamtheit alles Seienden bisher gehalten hatte, unwiderbringlich aufgehoben sind und das Sein des Menschen dem blinden Spiel des Zufalls anheimgestellt ist. Drücken wir es einmal so aus: Der Mensch von heute lebt nicht mehr für die Wahrheit, er hat den Glauben an das *telos* seiner Existenz verloren, hat die Idee der sinnvollen, vernünftigen, vorbildhaften, idealen Weltordnung aufgegeben. Deswegen ist das Antlitz des Menschen heute so verzerrt, deswegen die Sorge um den Menschen so vernachlässigt, deswegen hat auch die sogenannte humanistische Bildung keinen echten Bildungswert mehr. Es ist kein Zufall, daß die Sprache selbst darauf verweist, daß der Bildungsprozeß ein Vorbild, eine Idee oder ein Ideal voraussetzt, von dem sich derjenige leiten lassen muß, der nach menschlicher Vollendung strebt. Was für eine Bildung ist denn in einer Welt möglich, die keinerlei Vorbilder anerkennt und nichts von ihnen wissen will, einer Welt, die nicht an die Beständigkeit der menschlichen Natur glaubt, die sich einbildet, daß das menschliche Sein noch nirgends zum Vorschein gekommen ist und der Mensch noch nicht weiß, worin

28. Auf den Wert und die Bedeutung der antiken philosophischen Tradition verweist nachdrücklich Gerhard Krüger, a.a.O., S. 83 - 88, 129 - 132, 259 - 262, 281 - 283.

seine Bestimmung, worin seine wahre Aufgabe besteht? So läuft die Frage der gegenwärtigen Krise des menschlichen Selbstverständnisses auf die schwerwiegende Frage des menschlichen Weiterbestehens hinaus. Es ist mehr als gefährlich, sich damit täuschen zu wollen, erst der Mensch von heute sei in der Lage, die Macht seiner Freiheit zu versuchen, erst der gegenwärtige Mensch beginne auf menschenwürdige Weise zu leben, zu schaffen, sein grenzenloses Sein zu bestätigen. Als ob der planetarische Imperialismus das einzige Ereignis ist, das es verdient, ein Werk der menschlichen Freiheit genannt zu werden!

DAS PHILOSOPHISCHE LEBENSIDEAL

Hier soll in aller Kürze erklärt werden, was wir unter Philosophie verstehen, damit ganz deutlich wird, was für praktische Konsequenzen die Krisis der philosophischen Kultur hat, was für eine Kultur heute auf das Spiel gesetzt worden ist. Wir wollen zusammenfassend die Frage beantworten: Was ist Philosophie? Oder genauer: wir wollen durchaus konkret die philosophische Lebensweise bestimmen, darüber etwas sagen, was es bedeutet, für die Philosophie zu leben, was es heißt, sich für sie zu entscheiden, sich mit ihr zu befassen. Mit Rücksicht auf Kants berühmten Hinweis, daß die Philosophie nicht nur ein „System von Vernunfterkenntnissen mittels der Begriffe", sondern auch die „Wissenschaft von den letzten Zwecken der menschlichen Vernunft" ist, so heißt das, daß wir hier den „Weltbegriff" und nicht den „Schulbegriff" der Philosophie erklären wollen. Dabei brauchen wir nicht originell um jeden Preis zu sein und etwas ganz Neues, nie und nirgends von niemandem Gesagtes vorzuführen, sondern eher an etwas Wichtiges zu erinnern, das schon immer allen ernst philosophisch gesinnten Denkern der Vergangenheit vorschwebte und in letzterer Zeit immer mehr in Vergessenheit gerät.

Die Frage nach dem Begriff der Philosophie verdient

offenbar die größte Aufmerksamkeit. Gerade im gegenwärtigen Augenblick sollte man auf sie zurückkommen und sich ins Gedächtnis zurückrufen, was die Philosophie ist und worin ihre wahre Aufgabe besteht, da in dieser Hinsicht erschreckende Verwirrung herrscht. Ohne Übertreibung gesagt, ist die Philosophie heute aufs äußerste erniedrigt und herabgewürdigt. Alles, was irgendwie mit ihr in Zusammenhang steht und mit ihr zusammenhängt, gilt als beinahe verdächtig. Es gibt Bereiche auf unserer Erde, wo das Wort „Philosophie" so sehr in Verruf gekommen ist, daß man vor jemandem, der philosophiert, ganz im Einklang mit einer bekannten Hegelschen Äußerung, wie vor einem „mit der Pest Behafteten" davonläuft.[29] Aber überall in der Welt schaut man verächtlich und geringschätzig auf die Philosophie herab, der Ausdruck „Metaphysik" wird nur im abwertenden Sinne gebraucht, um das zu brandmarken, was man gänzlich ablehnt. Besonders die herrschenden technokratischen und bürokratischen Kreise zeichnen sich dabei aus, obwohl man auch auf der Seite der sogenannten humanistischen Intelligenz nicht wesentlich anders denkt.

Das ist natürlich nicht das erste Mal in der Geschichte, daß man über die Philosophie verächtlich und wegwerfend redet. Man sollte vielleicht sogar sagen, daß Ablehnung und Mißtrauen gegen die Philosophie genauso alt sind wie sie selbst. Einige Male wurden sie und ihre Vertreter jedoch ungewöhnlich scharf und offen angegriffen. Der heutige Widerstand gegen die Philosophie ist aber viel gefährlicher, düsterer und unheilverheißender als jemals zuvor. Es handelt sich dabei um etwas, was sich nicht nur auf den gesunden Menschenverstand, diesen stets zweifelnden Begleiter der Philosophie, stützt, sondern auf die modernen Lebensbedingungen, auf den überzeugenden Sieg von Wissenschaft, Technik und Industrie über alle bisherigen Formen der kulturellen Tradition und der gesellschaftlichen Praxis. Hand-

29. Die angeführte Äusserung Hegels ist auf Metaphysik beschränkt und findet sich in seinem kurzen Aufsatz „Wer denkt abstrakt?" in: Sämtliche Werke XX (Jubiläumsausgabe) (H. Glockner) (Stuttgart: F. Frommann, 1965), S. 445.

langer dessen sind übrigens die heutigen Jünger der Philosophie selbst, jene die sich Fachphilosophen nennen oder von der Gesellschaft dafür angesehen werden. An ihrem Beispiel wird ganz deutlich, daß die Philosophie heute keinen großen Ehrgeiz mehr hat, daß sie das moralische Pathos verloren hat, von dem sie einst erfüllt war, daß sie immer seltener zum Lebenszweck wird und immer mehr zu einem Mittel, um leichter zu leben. Wir brauchen gar nicht weit zu gehen, um uns von der Richtigkeit dieser Behauptung zu überzeugen. Auf jeden Schritt und Tritt gibt es routinierte Sachverständige für bestimmte Bereiche der philosophischen Problematik, allenthalben kann man zahlreiche „Handelsreisende in der Philosophie", viele „politische Söldner in der Philosophie" treffen, mit einem Wort, Leute, die aus der Philosophie ein einträgliches Geschäft gemacht haben.

Aus dieser Perspektive scheint es uns völlig berechtigt, die Frage zu stellen: Was ist Philosophie? Beziehungsweise: Worin besteht das Wesen der philosophischen Berufung? Wir tun das nicht nur fernstehenden Betrachtern zuliebe. Auch für die Philosophie selbst scheint es dringlich zu sein, das Augenmerk auf sich selbst zu richten und sich das eigene Gesicht klar zu machen.[30]

Wie gleich vorausgeschickt werden soll, ist die Philosophie kein Fach, kein Berufszweig, keine besondere Disziplin im System der forschungswissenschaftlichen Arbeitsteilung, obwohl sie heute gerade als Fach am meisten Erfolg hat und meistens

30. In unserem Zeitalter, das hat vielleicht am deutlichsten Edmund Husserl eingesehen, der von sich einmal gesagt hat, er habe „das Schicksal eines philosophischen Daseins in seinem ganzen Ernste durchlebt." Vgl. Die Krisis der europäischen Wissenschaften und die transzendentale Phänomenologie (Den Haag: M. Nijhoff, 1954), S. 17. Über die Zusammengehörigkeit der Frage, ob menschliche Würde noch möglich ist, mit der Frage, ob noch philosophisches Leben möglich ist, vgl. Karl Jaspers, Die geistige Situation der Zeit (Berlin: W.de Gruyter, 1965), S. 191, 198. Zu den Ausführungen im Text vgl. auch den schönen Aufsatz von Agnes Heller, „Die moralische Sendung des Philosophen" in: F. Benseler (Hrsg.), Festschrift zum achtzigsten Geburtstag von Georg Lukács (Neuwied/Rhein: Luchterhand, 1965), S. 337 - 353.

in dieser Form gepflegt wird. Die Philosophie kann auch nicht auf eine besondere Betrachtungsweise von Welt und Menschen, auf eine besondere Form der Wirklichkeitserkenntnis zurückgeführt werden, wenn für sie auch von jeher das Streben kennzeichnend war, ihren Gegenstand anders aufzufassen, als das der gesunde Menschenverstand verlangt, so daß sie sich in dieser Hinsicht stark von der Wissenschaft unterscheidet. Eigentlich ist die Philosophie eine menschliche Möglichkeit, eine Form des Lebens, eine Daseinsweise, sogar die menschlichste aller menschlichen Daseinsweisen. Wir können es so ausdrücken: Die Philosophie ist der Anspruch auf radikale Verwirklichung der Vernunft im menschlichen Leben, das Verlangen, das alle Lebensinteressen dem Interesse nach einem Leben, das sich von der Wahrheit leiten läßt unterordnet. Man muß richtig verstehen, was damit gesagt werden soll. Es gibt keine Philosophie, die nicht auch gelebt wird, es gibt keine Philosophie, die nicht gleichzeitig auch durch den Tod bestätigt wird. Das ist das philosophische Credo. Gerade weil sie das Leben an seiner Wurzel fassen und es nach den Forderungen der Vernunft umwandeln will, leitet die Philosophie den Menschen in beiden Richtungen an – wie er als Mensch zu leben, aber auch wie er als Mensch zu sterben hat. Für sie sind diese beiden Verhältnisse gleichmäßig wichtig. Weder klammert sich der Philosoph krampfhaft an das Leben, noch graust er sich erschreckend vor dem Tode. In diesem Sinne kann man die Philosophie auch als eine Vorbereitung auf den Tod und nicht nur als eine Offenbarung des Lebens bezeichnen.

Unzweifelhaft ist es für die Philosophie gerade diese Ausrichtung des menschlichen Lebens im ganzen auf die Wahrheit wesentlich, das entspricht ihrem Begriff am ehesten, darin wird ihr ideelles Wesen am deutlichsten. Wenigstens ist das das einzige, das uns an ihr interessiert, das einzige, was ihren Namen zu tragen verdient. Alle anderen Versuche, die Philosophie als rein theoretisches Unternehmen zu betrachten, als bloße Erforschung des Seienden hinsichtlich seines Seins, als nutzloses Suchen nach den ersten Anfängen und Ursachen, können wir ruhigen Gewissens beiseite lassen, da man bei ihnen mit einer zwar notwendigen, aber unzureichenden Bedingung operiert. Selbstverständlich duldet die Philosophie keine Einförmigkeit, und jede mechanische Angleichung ist ihr fremd. Wir können also sagen, daß es unzählige verschiedene Möglichkeiten des philosophischen Lebensideals gibt. Der philosophische Menschentypus ist in gewissem Sinne der reichhaltigste und mannigfaltigste aller menschlichen Typen. Welche Unterschiede trennen Sokrates, Giordano Bruno und Spinoza voneinander! Oder Platon, Augustinus und Hegel, um nur einige der bekanntesten Namen zu nennen. Zu berücksichtigen ist dabei allerdings, daß die Geschichte der Schulphilosophie eines, und die Geschichte des philosophischen Humanismus etwas ganz anderes ist. Philosophen sind nicht diejenigen, die Zeugnisse über ihr Philosophiestudium vorweisen können, und nicht einmal jene, die solche Zeugnisse zuerkennen. Der philosophische Typus des Menschen entsteht überall und überschreitet die engen Grenzen der Philosophenzunft. Braucht man heute überhaupt noch jemanden davon überzeugen, daß Leonardo, Goethe und namentlich Marx das Leben von Philosophen geführt haben, obwohl keiner von ihnen den Anspruch erhob, sich oder sein Werk als philosophisch zu bezeichnen? Unter gewissen Voraussetzungen, die auch jener erfüllen muß, der sich mit Philosophie als Fach beschäftigt, kann auch ein Dichter, Wissenschaftler oder überhaupt ein Mensch von Gesinnung Philosoph sein. Sogar ein gewöhnlicher Mensch ist dazu in der Lage, seine Existenz philosophisch zu verklären und sich dem philosophischen Lebensideal anzunähern.

Es ist nicht zufällig, daß Philosophie in der gegenwärtigen Welt so vernachlässigt, daß der Gedanke an die Philosophie als Lebensberuf beinahe völlig in den Hintergrund getreten ist. Man muß das in enger Verbindung mit dem allgemeinen Prozeß der Entzauberung der Welt und der Beseitigung der humanistischen Werte und Ideale aus dem Leben des gegenwärtigen Menschen sehen. In unserer Welt ist der Prozeß der technisch-industriellen Umgestaltung in vollem Gange, und es wirken gewisse mächtige gesellschaftliche Faktoren, die den Menschen erdrücken und behindern und dem freien Spiel der menschlichen schöpferischen

Möglichkeiten wenig Raum lassen. Was die Philosophie in unserer Zeit überhaupt noch sein kann, ist sehr fraglich und ungewiß, niemand weiß, welche Aussichten es in Zukunft noch für den Menschen geben wird, der sich seines menschlichen Wesens und seiner wahren menschlichen Aufgabe bewußt sein soll.[31] Eben aus diesem Grunde sollte man das philosophische Lebensideal nicht abstrakt, unabhängig von den vorhandenen Bedingungen und ohne Rücksicht auf die weiteren Entwicklungstendenzen betrachten. Um den Sinn der philosophischen Existenz zu erhellen, muß man stets die gegenwärtige gesellschaftlich-geschichtliche Situation berücksichtigen und sich ständig fragen, welche Möglichkeiten noch einer solchen Existenz geblieben sind.

Es bestehen wohl drei Grundmotive, drei Hauptbestandteile oder drei hervorstechende Merkmale der philosophischen Lebensweise. Diese allermenschlichste Form des menschlichen Daseins beruht auf drei Grundvoraussetzungen. Der philosophische Menschentypus ist also daran zu erkennen, daß er drei wesentliche Eigenschaften in sich birgt, und als Philosoph kann sich mit Recht nur der bezeichnen, der diese drei wesentlichen Bedingungen erfüllt. Im konkreten Falle können diese Bestandteile natürlich unterschiedlich zusammengelegt und in verschiedener Intensität ausgeprägt sein. Im idealen oder reinen Typus sind alle diese Elemente bis zu Ende entfaltet und in völliger Harmonie miteinander. Verständlicherweise ist hier nicht der Ort, über das Verhältnis zwischen dem Idealtypus des Philosophen und den empirischen philosophischen Unterarten und Varietäten zu sprechen.

31. Wie viel es auch richtig sein mag, daß die Philosophie selbst in hohem Grade dazu beigetragen hat, es stimmt doch durchaus nicht, daß alles was heute in der Welt geschieht, nur die äußerste Konsequenz ihrer wesentlichen Anstrengungen und Bemühungen sei. In ganz zugespitzter Form, auf die „Vollendung" der abendländisch-europäischen Philosophie in der modernen Weltzivilisation verweist Martin Heidegger in einer seiner letzten Arbeiten, in der er nach der Aufgabe des Denkens am Ende der Philosophie fragt. Vgl. Zur Sache des Denkens (Tübingen: M. Niemeyer, 1969), S. 65.

Es fällt einem schwer, sich zu entscheiden, wo und von welcher Seite man anfangen sollte, das Bild des philosophischen Menschentypus zusammenzustellen. Alle drei Merkmale sind nämlich gleich wichtig, und von jedem läßt sich sagen, daß er alle übrigen voraussetzt. Die hier angewandte Reihenfolge erscheint am natürlichsten, wenn sie sich auch nicht logisch rechtfertigen läßt.

Philosoph ist zuerst derjenige, der mit seinem ganzen Herzen denkt und handelt, der völlig hinter jedem seiner Worte steht, entsprechend seinen Gedanken lebt und sämtliche Folgen seiner Auffassungen und Überzeugungen auf sich trägt. Das heißt eigentlich, daß an der philosophischen Lebensweise sämtliche geistige Energien mitwirken, daß ein der Philosophie gewidmetes Leben mehr und umfassender ist als ein Leben für die Wissenschaft, daß die philosophische Existenz die Einheit von Theorie und Praxis, die Einheit von theoretischer und praktischer Vernunft, sowie die Einheit von Weltverständnis und Lebenshaltung bedeutet. Der Philosoph bestätigt durch seine ganze Persönlichkeit den Glauben an die moralische Kraft der Vernunft, sein Leben ist auf die Einheit von Weisheit und Charakter oder – wenn man so will – auf die Einheit von Metaphysik und Ethik gerichtet. Der Philosoph kann die Lebenssphären nicht voneinander trennen. Philosoph zu sein, heißt ein ganzheitliches Leben zu leben, sich alles zu Herzen zu nehmen und stets vorbehaltslos engagiert zu sein.

Wie unschwer festzustellen ist, sind die mächtigsten Kräfte unserer Zeit dieser Forderung feindlich gesinnt. Die wissenschaftliche, technische und industrielle Zivilisation drängt in eine völlig andere Richtung, und die gesellschaftliche Maschinerie, die überall um uns her entsteht, braucht solche menschliche Eigenschaften und Fähigkeiten nicht. Dieser Tatsache muß man kühn ins Auge blicken. Wir müssen uns tatsächlich fragen, welche Chancen die Philosophie in einer Welt hat, in der die Einheit der Persönlichkeit völlig aufgelöst ist, in einer Welt, in der die Zerstückelung der Lebensfunktionen den erschreckenden Maßstab genommen hat, einer Welt, in der einzig beschränkte, oberflächliche und geschäftliche Verbindungen zwischen den

Menschen möglich sind und diese eigentlich zur dauerhaften Form des gemeinsamen Lebens institutionalisiert worden sind.

Andererseits ist der Philosoph nur derjenige, der tief in sich selbst hinabtaucht, der aus sich selbst herauslebt und in sich selbst den Halt für alles findet, was er tut. Das ist eines der ältesten philosophischen Motive, das der Philosophie im Vergleich zu allen anderen frühen Kulturformen vielleicht zum höchsten Ansehen verholfen hat. Es gibt keine Philosophie ohne beharrliche „Arbeit des Begriffs", ohne ständige Denkanstrengung. Das Streben nach der Befreiung des Menschen ist also nicht weniger bezeichnend für die philosophische Lebensweise als das Bemühen um die Erhaltung der Ganzheit seines Wesens. Im Vollbewußtsein seiner selbst, erkennt der Philosoph die Welt um sich, findet er die stärkste Bestätigung seiner Freiheit in der Selbsterkenntnis, im Selbstbewußtsein. Er forscht nach der Wahrheit in sich selbst, in den verborgensten Tiefen seiner Seele, da er an die Kraft des inneren Prinzips glaubt, daran, daß die wahre Wirklichkeit durch das Denken und nicht durch bloße Wahrnehmung entdeckt wird.

Ganz sicher hat auch dieses zweite Kennzeichen der philosophischen Lebensweise kaum Aussichten, sich in den Gegebenheiten der gegenwärtigen Gesellschaft zu halten und zu entfalten. Die erschreckende Expansion des Willens zur Macht, dessen Herrschaft sich heute nichts mehr entziehen kann, reduziert die Kultur zu einem bloßen Mittel des Lebens, zerfrißt und verdrängt langsam aber sicher jeden Wunsch nach höherer Bildung durch ein Surrogat von Halbbildung. In der gegenwärtigen Situation hat sich das ganze menschliche Leben veräußerlicht, ist dem Peripherischen zugewandt und die Wahrheit wird außerhalb des Menschen in der von ihm getrennten Welt gesucht. Ebenso wie im ersten Falle müssen wir uns auch hier ernsthaft fragen, ob heute Philosophie überhaupt möglich ist.

Schließlich ist der Philosoph derjenige, der seinen Blick auf die nie verlöschende Lichtquelle lenkt, der die Verbindung zwischen sich und einer höheren sinnspendenden Totalität herstellt, der an einem weiterreichenden sinnvollen Geschehen mitwirkt und ein absolutes Zentrum des Lebens postuliert. Das bedeutet letztlich, daß die philosophische Lebensweise in der Offenheit der höchsten ontologischen Erfahrung gegenüber, in der Annahme und Bestätigung der Wahrheit des Seins alles Seienden ihre Erfüllung findet. In diesem Sinne macht der Philosoph keinen Unterschied zwischen der subjektiven und objektiven Vernunft, sieht er in der ganzen Welt eine vernünftige Ordnung und mißt der Entdeckung der Identität von Denken und Sein die größte Wichtigkeit bei.

Hier geraten wir aber wieder in Konflikt zur gegenwärtigen gesellschaftlich-geschichtlichen Situation, die sich dieser Forderung entschieden widersetzt. Heute ist es klarer denn je, daß der Geschichte keine vernünftige und zweckmäßige Bestimmung innewohnt, daß sie nicht durch eine göttliche Vorsehung geleitet wird und in ihr kein vernünftiger Plan für ein besseres Leben wirkt. Nach allen bisherigen Niederlagen und Fehlschlägen und namentlich nach den tragischen Erfahrungen unserer Zeit kann man sich schwerlich an dem Glauben an einen objektiven Sinn der Geschichte berauschen. Es ist ein Anlaß zu ernstem Nachdenken für uns, welche Möglichkeiten die Philosophie noch in einer Welt hat, in der es keine absoluten Maßstäbe mehr gibt, keine universellen Koordinaten, in der die Tyrannei des göttlichen Mittelpunktes zerstört ist, dem vormals das ganze menschliche Leben zustrebte.

Die Philosophie ist also eine sehr ernste Angelegenheit. Auf philosophische Weise zu leben bedeutet, das Leben ernst zu nehmen und sich ihm gegenüber verantwortungsvoll zu betragen. Wie wahr es auch sein mag, daß der philosophische Typus des Menschen heute ganz unwirklich geworden ist, daß das philosophische Lebensideal heute weiter von seiner Verwirklichung entfernt ist als je zuvor in der Geschichte, so heißt das doch noch nicht, daß dieses Ideal jede Anziehungskraft eingebüßt hat. Jedenfalls ist es noch immer der Anstrengung wert, dieses Ideal anzustreben, allen gesellschaftlichen Mächten und Ordnungen zum Trotz, die sich verschworen zu haben scheinen, uns daran zu hindern. Wenn uns das auch nur teilweise gelingt, so machen wir das menschliche Leben reicher und heller, stärken die Hoffnung, daß noch nicht alles verloren ist und ein Rest der menschlichen Freiheit und Würde noch gerettet werden kann.